FMEA 技术与应用

刘虎沉　施　华　编著

科学出版社

北　京

内 容 简 介

本书基于故障模式及影响分析（failure mode and effect analysis，FMEA）的最新研究成果，从"事前预防、持续改进"的现代质量观出发，全面介绍FMEA的基本概念、基本理论和基本方法，将理论与技术有机结合，系统阐述不同类型FMEA的实施流程及应用，并指出现有FMEA研究的不足及最新的研究进展。本书旨在使FMEA成为具有可操作性的可靠性分析方法，通过介绍常用的FMEA工具和FMEA软件，帮助读者全面掌握FMEA的基本程序与相关技能，具有较强的实用性和可操作性。全书共分为9章，内容包括FMEA导论、FMEA实施流程、系统FMEA、设计FMEA、过程FMEA、FMEA相关工具、FMECA方法、FMEA软件和FMEA最新进展。

本书可作为高等院校管理科学与工程、工业工程、质量管理等专业本科生和研究生的教材，也可作为企业质量管理人员、生产管理人员及企业各级管理者的自学参考用书，还可供从事设计、生产、服务等工作的技术人员参考使用。

图书在版编目（CIP）数据

FMEA 技术与应用/刘虎沉，施华编著. —北京：科学出版社，2023.10
ISBN 978-7-03-076602-1

Ⅰ. ①F⋯　Ⅱ. ①刘⋯②施⋯　Ⅲ. ①失效分析　Ⅳ. ①TB114.2

中国国家版本馆 CIP 数据核字（2023）第 191277 号

责任编辑：戴　薇　王国策　杨　昕／责任校对：王万红
责任印制：吕春珉／封面设计：东方人华平面设计部

科 学 出 版 社 出版
北京东黄城根北街 16 号
邮政编码：100717
http://www.sciencep.com
天津翔远印刷有限公司 印刷
科学出版社发行　各地新华书店经销

*

2023 年 10 月第 一 版　开本：787×1092 1/16
2023 年 10 月第一次印刷　印张：10 1/4
字数：241 000
定价：45.00 元
（如有印装质量问题，我社负责调换〈翔远〉）
销售部电话 010-62136230　编辑部电话 010-62135397-2032

前　言

改革开放 40 多年来，我国社会生产力水平明显提高，人民生活显著改善。当前，我国已成为全球最大的消费市场，消费对经济增长起着巨大的推动作用。产品与服务质量是企业生存和发展的"生命线"，也是决定国家竞争力的关键因素。因此，《"十四五"规划和 2035 年远景目标纲要》明确提出，"十四五"时期经济社会发展要以推动高质量发展为主题，坚定不移建设质量强国，提高经济质量效益和核心竞争力。党的二十大报告提出，坚持把发展经济的着力点放在实体经济上，推进新型工业化，加快建设制造强国、质量强国。

可靠性是产品质量的核心。可靠性管理是质量管理的重要组成部分，也是提高产品质量的重要举措。在现代产品设计中，可靠性已成为与性能同等重要的设计要求，并对产品的质量、寿命、维修性和使用成本等属性产生重要影响。基于"居安思危，思则有备，有备无患"的原则，故障模式及影响分析（FMEA）作为一种重要的预防性的可靠性分析技术，已广泛应用于航空航天、汽车、核能、医疗等行业。本书从"事前预防、持续改进"的现代质量观出发，全面系统地介绍 FMEA 的基本概念、基本理论和基本方法，并总结 FMEA 的发展现状和最新研究进展。

本书共分为 9 章。第 1 章 FMEA 导论，介绍 FMEA 的基础知识，回顾国内外 FMEA 的发展历程，阐述 FMEA 的应用范围及应用领域，明确实施 FMEA 的注意事项及本书的体系结构；第 2 章 FMEA 实施流程，介绍 FMEA 的准备工作、基本思想、实施步骤及更新与维护；第 3 章系统 FMEA，概述系统 FMEA 的基本理论，阐述系统 FMEA 的实施流程及表格编制说明；第 4 章设计 FMEA，概述设计 FMEA 的基本理论，阐述设计 FMEA 的实施流程及表格编制说明；第 5 章过程 FMEA，概述过程 FMEA 的基本理论，阐述过程 FMEA 的实施流程及表格编制说明；第 6 章 FMEA 相关工具，系统介绍因果图、排列图、矩阵图、流程图和系统图，阐述故障树分析、事件树分析及六西格玛管理；第 7 章 FMECA 方法，概述 FMECA，阐述 FMECA 分析方法、FMECA 的实施及应用；第 8 章 FMEA 软件，概述 FMEA 软件及其功能需求，并介绍常见的 FMEA 软件；第 9 章 FMEA 最新进展，总结 FMEA 存在的不足及其改进方法，对 FMEA 文献进行计量分析，并对《FMEA 手册（第五版）》进行介绍。

本书由同济大学刘虎沉和上海电机学院施华编著，刘然、刘铮、王菁惠等参与了本书的编写和整理工作。本书在编写过程中参考了国内外相关教材、专著和研究论文，在此向其作者表示衷心感谢！本书的出版得到了国家社会科学基金（项目编号：21ZDA024）和同济大学中央高校基本科研业务费专项资金（项目编号：22120230184）的资助，特此致谢！

由于编者水平有限，书中难免有不足之处，恳请各位读者指正。

目　　录

第1章　FMEA 导论···1
　1.1　FMEA 概述···1
　　1.1.1　FMEA 定义···1
　　1.1.2　FMEA 基本概念···2
　　1.1.3　FMEA 分类···4
　　1.1.4　实施 FMEA 的意义··7
　1.2　FMEA 发展···9
　　1.2.1　FMEA 起源与发展···9
　　1.2.2　我国 FMEA 的发展···11
　1.3　FMEA 应用··11
　1.4　FMEA 实施注意事项··15
　1.5　本书体系结构··16
　复习与思考··17
第2章　FMEA 实施流程···18
　2.1　FMEA 的准备工作··18
　　2.1.1　FMEA 的应用情形··18
　　2.1.2　工作人员要求···19
　　2.1.3　FMEA 团队···19
　2.2　FMEA 的基本思想··21
　2.3　FMEA 的实施步骤··23
　2.4　FMEA 的更新与维护··32
　复习与思考··34
第3章　系统 FMEA··35
　3.1　系统 FMEA 概述··35
　　3.1.1　系统 FMEA 的定义··35
　　3.1.2　系统 FMEA 的作用··36
　　3.1.3　系统 FMEA 团队构成··36
　3.2　系统 FMEA 流程··36
　　3.2.1　确定系统单元与系统结构····································36
　　3.2.2　绘制方块结构图···36
　　3.2.3　功能分析···38
　　3.2.4　故障分析···38
　　3.2.5　制定预防改进措施··41

3.2.6 填写系统 FMEA 表格 ·· 41

3.3 系统 FMEA 表格编制 ·· 41

3.4 应用案例：系统 FMEA 在深水防喷器控制系统中的应用 ········ 44

复习与思考 ··· 48

第 4 章 设计 FMEA ··· 49

4.1 设计 FMEA 概述 ··· 49

4.1.1 设计 FMEA 的定义 ·· 49

4.1.2 设计 FMEA 的作用 ·· 50

4.1.3 设计 FMEA 团队构成 ··· 50

4.2 设计 FMEA 流程 ··· 51

4.2.1 确定用户 ·· 51

4.2.2 确定用户需求 ·· 51

4.2.3 确定分析层级 ·· 52

4.2.4 绘制方块结构图 ··· 52

4.2.5 功能分析 ·· 52

4.2.6 故障分析 ·· 56

4.2.7 制定预防改进措施 ··· 59

4.2.8 填写设计 FMEA 表格 ··· 59

4.3 设计 FMEA 表格编制 ··· 59

4.4 应用案例：DFMEA 在电动汽车增程器设计中的应用 ············ 61

复习与思考 ··· 66

第 5 章 过程 FMEA ··· 67

5.1 过程 FMEA 概述 ··· 67

5.1.1 过程 FMEA 的定义 ·· 67

5.1.2 过程 FMEA 的作用 ·· 68

5.1.3 过程 FMEA 团队构成 ··· 68

5.2 过程 FMEA 流程 ··· 68

5.2.1 定义范围 ·· 68

5.2.2 流程分析 ·· 69

5.2.3 功能分析 ·· 69

5.2.4 故障分析 ·· 71

5.2.5 制定预防改进措施 ··· 74

5.2.6 填写过程 FMEA 表格 ··· 74

5.3 过程 FMEA 表格编制 ··· 74

5.4 应用案例：PFMEA 在飞机总体装配过程中的应用 ··············· 77

复习与思考 ··· 79

第 6 章 FMEA 相关工具 ·· 80

6.1 因果图 ·· 80

　　6.1.1　因果图的概念 ·· 80

　　6.1.2　因果图的绘制 ·· 81

　　6.1.3　因果图的注意事项 ·· 82

6.2　排列图 ··· 83

　　6.2.1　排列图的概念 ·· 83

　　6.2.2　制作排列图的步骤 ·· 83

　　6.2.3　排列图的分类 ·· 85

　　6.2.4　排列图的注意事项 ·· 85

6.3　矩阵图 ··· 86

　　6.3.1　矩阵图的概念 ·· 86

　　6.3.2　矩阵图的分类 ·· 87

6.4　流程图 ··· 89

6.5　系统图 ··· 90

6.6　故障树分析 ··· 91

　　6.6.1　故障树分析概述 ·· 91

　　6.6.2　故障树分析步骤 ·· 93

　　6.6.3　故障树定性分析 ·· 93

　　6.6.4　故障树定量分析 ·· 94

6.7　事件树分析 ··· 96

　　6.7.1　事件树分析概述 ·· 96

　　6.7.2　事件树分析特点及作用 ·· 96

　　6.7.3　事件树定性分析 ·· 97

　　6.7.4　事件树定量分析 ·· 97

　　6.7.5　事件树分析流程 ·· 98

6.8　六西格玛管理 ·· 98

　　6.8.1　必要资源 ·· 98

　　6.8.2　关键角色 ·· 99

复习与思考 ·· 100

第7章　FMECA方法 ··· 101

7.1　FMECA概述 ··· 101

　　7.1.1　FMECA的基本概念 ··· 101

　　7.1.2　FMECA的目的和作用 ··· 102

7.2　FMECA方法 ··· 102

　　7.2.1　危害性分析表的形式和内容 ·· 103

　　7.2.2　危害性矩阵图的形式和内容 ·· 104

　　7.2.3　风险优先数方法 ·· 105

7.3　FMECA的实施 ·· 106

　　7.3.1　FMECA基本实施步骤 ··· 106

　　　　7.3.2　FMECA 的输入 ································· 108
　　　　7.3.3　编制 FMECA 计划 ····························· 109
　　　　7.3.4　确定分析前提 ································· 109
　　　　7.3.5　FMECA 报告编写 ····························· 110
　　　　7.3.6　进行 FMECA 评审 ····························· 111
　　　　7.3.7　FMECA 实施的注意事项 ······················· 111
　　　　7.3.8　FMECA 工作要点 ····························· 111
　　7.4　FMECA 的应用 ································· 112
　　7.5　应用案例：FMECA 在拖拉机液压系统中的应用 ·········· 113
　　复习与思考 ····································· 116
第 8 章　FMEA 软件 ··································· 117
　　8.1　FMEA 软件概述 ································ 117
　　8.2　FMEA 软件功能需求 ···························· 118
　　8.3　FMEA 软件介绍 ································ 119
　　　　8.3.1　IQ-FMEA ································· 119
　　　　8.3.2　FMEA-Master ····························· 124
　　　　8.3.3　PLATO SCIO-FMEA ························· 129
　　　　8.3.4　RSMTL-CAD FMECA ························· 134
　　复习与思考 ····································· 136
第 9 章　FMEA 最新进展 ······························· 137
　　9.1　FMEA 的不足 ································· 137
　　9.2　FMEA 的改进 ································· 138
　　9.3　FMEA 文献分析 ································ 139
　　　　9.3.1　作者分析 ································· 139
　　　　9.3.2　机构分析 ································· 140
　　　　9.3.3　共引分析 ································· 141
　　　　9.3.4　关键词分析 ································· 141
　　9.4　FMEA 手册第五版 ····························· 142
　　　　9.4.1　概述 ··································· 142
　　　　9.4.2　新版 FMEA 的改进 ·························· 142
　　复习与思考 ····································· 150
参考文献 ··· 151

第 1 章
FMEA 导论

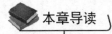 **本章导读**

> 故障模式及影响分析（failure mode and effect analysis，FMEA）是一种用于确定、识别和消除系统、设计、过程和服务中已知或潜在的故障、问题、错误的可靠性分析技术。将 FMEA 运用到质量管理中，不仅可以预测产品的潜在故障，还能帮助企业降低生产成本、缩短生产周期、提高生产效率，从而系统、科学地解决质量问题，提高企业的质量管理水平。本章首先介绍 FMEA 方法，包括 FMEA 定义、FMEA 基本概念、FMEA 分类及实施 FMEA 的意义；其次，回顾 FMEA 的发展历程，阐述 FMEA 在船舶、建筑、医疗、交通、制造、软件信息等行业中的应用；最后，明确实施 FMEA 的注意事项，并阐明本书体系结构及不同章节间的内在联系。

1.1 FMEA 概述

1.1.1 FMEA 定义

FMEA 是一种具有前瞻性的可靠性分析方法。很多协会组织专家从不同角度对 FMEA 进行了定义。美国医疗保障促进会认为，FMEA 是一种分析系统中故障发生的位置和原因，确定不同故障模式的影响程度，从而识别系统中最需要改进的环节并采取相应改进措施的事前预防方法。通用汽车公司认为，FMEA 是一种运用现代工程技术来识别和消除产品工艺过程中潜在故障模式的分析方法。QS 9000 质量体系要求（简称 QS 9000）认为，FMEA 是一组系统化的活动，其目的是发现、评价产品/过程中潜在的故障及其后果，找到能够避免或减少这些潜在故障发生的措施。

综上所述，FMEA 是一种通过 FMEA 小组成员集体讨论研究，使用系统分析方法对产品（硬件、软件和服务等）的设计、开发、生产等过程进行有效分析，找出系统中可能产生的所有故障模式及其对系统可能造成的所有影响，并按每一种故障模式的严重程度、检测难易程度及发生频率予以分类的归纳分析方法。实施 FMEA 的目的是在故障发生之前及时采取有效的预防措施，避免或减少这些故障的发生，从而有效降低系统风险。简单地说，FMEA 就是按照预定的标准和程序对分析对象的各种故障模式及其影响因素进行分析并采取相应的预防措施以减少或消除故障的一种技术。

　　FMEA 强调"事前预防"而非"事后纠正"，这样就可以避免将大量的人力、物力消耗在处理质量问题上，从而在提高产品质量的同时降低生产成本和开发成本，最大限度地避免或减少损失，提高效率。此外，FMEA 是一个持续改进、逐步提高的过程。FMEA 项目包括确定分析对象、现状调查、分析原因、提出建议措施并实施及跟踪管理等过程。它既可以用在事前预防阶段，分析潜在的故障模式及其原因，采取预防措施以防止故障发生；也可以用在事后改进阶段，分析已经发生的故障模式及其原因，采取改进措施以防止故障再次发生。

1.1.2　FMEA 基本概念

1. 故障

　　故障是指产品或产品部件的结构发生形状、尺寸或材料性质等变化，导致这些物品处于无法充分执行其特定功能的状态。

　　1）产品在规定条件下（环境、操作、时间等）不能完成既定功能。例如，飞机起飞后起落架无法收回；洗衣机甩干时排水管不排水或进水管进水；电视机清晰度达不到规范要求。

　　2）在规定条件下，产品参数值不能维持在规定的上下限之间。例如，放大器增益过大；电容器容量下降过大。

　　3）产品在工作范围内出现的零部件破裂、断裂、卡死、损坏等现象（短路、开路、过度损耗等）。

2. 潜在故障

　　潜在故障是指产品不能完成规定功能的可鉴别的状态。许多产品的故障模式都有一个发展过程，在临近功能故障之前就可以确定产品不能完成既定功能的状态，即潜在故障。"潜在"二字包含两重含义：①潜在故障是产品功能故障临近前的状态，而不是功能故障发生前任何时刻的状态。②产品状态可以通过观察或检测鉴别，否则该产品就不存在潜在故障。零部件、元器件的磨损、疲劳、老化等故障模式大都存在由潜在故障发展到功能故障的过程。

3. 故障模式

　　故障模式是指产品故障的表现形式，具体说明发生故障的方式。例如，材料弯曲断裂、零件变形、腐蚀、泄漏、振动设备安装不当等。潜在故障模式是指可能发生但未必发生的故障模式，是工程技术人员在设计、制造和装配过程中认识到或感觉到的可能存在的隐患。

4. 风险

风险是指一个故障或潜在故障可能造成的财产损失或人身安全危害。

5. 风险因子

风险因子是指促使或引起风险事件发生的条件，以及当风险事件发生时致使损失增加、扩大的条件。此外，风险因子还是风险事件发生的潜在因素，是造成损失的内在或间接原因。

6. 严重度

严重度（severity，S）是指在故障模式发生后对下一个零件、子系统、系统或用户造成后果的严重程度。

7. 发生度

发生度（occurrence，O）是指故障模式发生的可能性大小或频繁程度。

8. 检测度

检测度（detection，D）是指当故障模式发生时，根据现有的控制手段及检测方法能将其准确检出的概率。

9. 风险优先数

风险优先数（risk priority number，RPN）是指严重度、发生度、检测度三者的乘积。

10. 影响分析

影响分析是指分析一种故障模式的发生给用户带来的危害性大小。进行 FMEA 分析的实质是确认故障，并防止将已知的或潜在的问题转移给用户。要做到这一点，必须先做出一些假设，其中之一就是假设各个不同故障有不同的优先权。找到 RPN 值非常重要，它是实施 FMEA 的突破口。确定 S、O、D 这三个风险因子的数值有助于确定故障模式的 RPN 值。确定风险因子数值的方法有很多，其中数值度量方法或风险分析准则是较为常用的方法。对这些风险因子可以根据需要选择定性分析或定量分析。

若进行定性分析，则须遵循分析对象的理论（期望）分布。例如，如果发生度的期望分布是正态分布，即频率相对于时间是正态分布关系，那么定性分析就要从正态分布开始；理论上，严重度的分布是对数正态分布，因此应该服从向右倾斜分布；理论上，检测度的分布是离散分布，这种故障具有一定的随机性，在检测中离散输出，并且在分析时该值不连续。

若进行定量分析，则这三个风险因子要用具体的数值表示。在评估时，必须依据实际数据、统计过程控制数据、历史数据和类似的替代数据。定量分析不一定服从理论分布，若需要服从理论分布，则必须严格一致。

11. 可靠度

可靠度是指产品在规定条件下和规定时间内完成规定功能的概率。

12. 可靠性

美国国防部于 1980 年颁布国家军用标准《系统与设备研制的可靠性大纲》（MIL-STD-785B），将可靠性分为任务可靠性和基本可靠性。任务可靠性是指产品在规定条件下和规定时间内完成规定功能的能力。它反映了系统任务执行成功的概率，并且只统计影响任务完成的致命故障。基本可靠性是指产品在规定条件下无故障的持续时间或概率。它不仅包括产品整个生命周期的全部故障，也反映产品维修人力和后勤保障等方面的要求。条件越恶劣，产品可靠性越低。规定时间是指产品的可靠性与使用时间的长短有密切关系。可靠性是时间的函数。随着时间的推移，产品的可靠性会越来越低。

1.1.3　FMEA 分类

在产品生命周期的不同阶段，FMEA 应用的方法和目的略有不同，详见表 1-1。由表可知，虽然在产品生命周期的各个阶段有不同形式的 FMEA，但其应用的根本目的只有一个，即从产品设计（功能设计、硬件设计、软件设计）、产品生产（生产可行性分析、工艺设计、生产设备设计与使用）和产品使用角度发现各种缺陷与薄弱环节，并积极采取措施进行处理，从而提高产品的可靠性水平。

表 1-1　产品生命周期各阶段 FMEA 应用的方法和目的

类型	规划阶段	方案阶段	设计阶段	生产阶段	使用阶段
方法	系统 FMEA	设计 FMEA		过程 FMEA	服务 FMEA
		功能 FMEA	硬（软）件 FMEA	设备 FMEA	使用 FMEA
目的	对产品开发、过程策划进行综合评估，通过系统、子系统、分系统不同层次的展开，自上而下逐层分析，更注重整体性、逻辑性	分析研究系统功能设计的缺陷与薄弱环节，为系统功能设计改进和方案权衡提供依据	分析研究系统硬件、软件设计的缺陷与薄弱环节，为系统的硬件、软件设计改进和方案权衡提供依据	分析研究设计生产过程的缺陷和薄弱环节及其对产品的影响，为生产过程的设计改进提供依据。分析研究生产设备故障对产品的影响，为生产设备的改进提供依据	分析研究产品到达用户之前及产品使用过程中发生故障的原因及其影响，为评估论证、研制、生产各阶段FMEA 的有效性和进行产品的改进、改型或新产品的研制提供依据

1) 系统 FMEA 是将研究的系统结构化，分成系统单元并说明各单元之间的功能关系；从已描述的功能中导出每一系统单元可能的故障功能（潜在缺陷）；确定不同系统单元故障功能之间的逻辑关系，以便能在系统 FMEA 中分析潜在缺陷、缺陷后果和缺陷原因。系统 FMEA 的输出包括按照 RPN 排序的潜在故障模式清单；能够检测潜在故障模式的系统功能清单；消除潜在故障模式、安全问题和减少故障发生度的设计措施清单。实施系统 FMEA 的益处包括辅助选择最佳的系统设计方案；辅助确定冗余设计；辅助确定系统级故障诊断方案；提高发现系统潜在问题的可能性；标识潜在系统故障及故障与其他系统或子系统的相互作用。

2）设计 FMEA 可分为功能 FMEA 和硬（软）件 FMEA。前者用于方案论证阶段，此时各部件设计未完成，其目的是分析研究系统功能设计的缺陷与薄弱环节，为系统功能设计改进和方案权衡提供依据。后者用于工程研制阶段，此时产品设计图样及其他工程设计资料已确定，其目的是分析研究系统硬件、软件设计的缺陷与薄弱环节，为系统的硬件、软件设计改进和方案权衡提供依据。软件 FMEA 是对软件及包含软件产品的硬件系统进行分析，其重点在于识别和评价软件故障及其造成的影响，为改进软件及系统设计提供依据。设计 FMEA 的输出包括按照 RPN 排序的潜在故障模式清单；潜在关键特性和重要特性清单；消除故障模式、安全问题和减少故障发生度的设计改进措施清单；为正确的测试、检查和检测方法定义的参数清单；针对潜在危害性和关键特性所采取的改进措施清单。实施设计 FMEA 的益处包括为设计改善措施建立优先等级；为产品设计通过验证和测试提供信息；在产品开发早期确定产品缺陷。

3）过程 FMEA 是负责制造/装配的工程师/小组主要采用的一种分析技术，用以最大限度地保证各种潜在故障模式及其相关的起因/机理得到充分的考虑和论述。过程 FMEA 的工作输出包括按照 RPN 排序的潜在故障模式清单；潜在关键特性和重要特性清单；针对潜在危害性和关键特性所采取的改进措施清单。实施过程 FMEA 的益处包括确定过程缺陷并提供纠正措施计划；建立优先纠正措施系统；协助对生产和组装过程进行分析。

4）设备 FMEA 是在新设备投入运行时预先进行 FMEA，其主要目的是分析考虑由于设备的原因可能造成的产品质量问题及可靠度问题等，预先采取措施消除不良因素；现有设备及特定设备在运行中出现的设备故障等均可采用 FMEA 进行改善，确保设备正常运转。大部分设备 FMEA 可以当作设计 FMEA 的变体。

5）服务 FMEA 是在实际（初次）服务之前确定潜在的或已知的故障模式，并进一步提出纠正措施的一种规范化分析方法。初次服务可看作为特定用户执行指定的动作（服务），是日常操作的一部分。服务 FMEA 通常需要通过人力、机器、材料、方法、环境和测量等一系列因素的交互作用才能完成。每一部分都有自己的部件，这些部件既可能单独起作用引发故障，也可能发生交互作用导致故障。这种嵌套性使得完成服务 FMEA 的过程更复杂、更耗费时间。它是一个动态演绎过程，包括应用各种技术和方法产生有效的过程输出，最终实现无缺陷的服务。

使用 FMEA 是分析研究产品在用户使用过程中发生故障的原因及其影响，为评估论证、研制生产各阶段 FMEA 的有效性和进行产品的改进、改型或新产品的研制提供依据。

在上述 FMEA 类型中，系统 FMEA、设计 FMEA 和过程 FMEA 的应用最广泛。FMEA 分析是一个循环持续改进的过程，因此不同阶段的 FMEA 并不是完全独立。三种常用的 FMEA 的研究内容和应用对象见表 1-2。

表 1-2 系统 FMEA、设计 FMEA 和过程 FMEA 的研究内容和应用对象

类型	系统 FMEA	设计 FMEA	过程 FMEA
对象	系统（产品）	产品设计流程	过程（实际操作）
目的	确保系统可靠性	确保设计可靠性 找出产品故障形态及其对策	确保流程可靠性 找出工程、材料、操作的故障形态及其相应对策

续表

类型	系统 FMEA	设计 FMEA	过程 FMEA
实施阶段	概念阶段 计划阶段	计划阶段 设计阶段	验证阶段 工程设计阶段至批量生产前
预测对象	系统 子系统	产品的构成要素 子系统间的交互作用	工程作业、材料
影响	系统（产品）性能	产品性能	产品不良、后期工程
故障模式	功能丧失、整机故障现象	停止、异常输出、无动作、变形、龟裂、磨损、短路等	尺寸不良、破损等
共同点	用表格整理 通过评价严重度、发生度、检测度等找出主要故障（不良）模式 筹划各种故障（不良）模式的对策		

系统 FMEA 与设计 FMEA、过程 FMEA 之间的关系如下。

1）系统 FMEA 的故障模式为设计 FMEA 和过程 FMEA 提供了所有的基本信息。虽然三者的故障影响是相同的，但是系统 FMEA 中的故障原因会转变为设计 FMEA 中的故障模式，设计 FMEA 中的故障模式又有其相应的故障原因，并最终转变为过程 FMEA 中的故障模式。因此，不必在设计 FMEA 中列出过程的故障模式。

2）系统 FMEA 是由各种子系统组成的整个系统最高级别的分析。它重点分析与系统相关的缺陷，包括系统安全性、系统集成、子系统之间或与其他系统之间的接口或交互；与周围环境的相互作用；人机互动；服务；其他可能导致整个系统无法正常工作的问题。

3）系统 FMEA 与其他 FMEA 之间的主要区别在于其聚焦于系统整体独特的功能和关联（低一级系统是不存在的）。系统 FMEA 除了考虑产品级 FMEA 最基本焦点单一故障点外，还须考虑与界面相关的故障模式及其相互作用。

下面以车窗升降系统为例对系统 FMEA 进行说明。车窗升降系统 FMEA 是将整个车窗作为一个系统，包括各个车窗子系统之间的接口及系统级功能的集成。在该示例中，车窗升降系统 FMEA 的目的是确保车窗能以安全可靠的方式完成其预期功能，并确保车窗升降系统的总体风险较低。根据需要，单独的 FMEA 涵盖了车窗升降子系统和部件级，如图 1-1 所示。

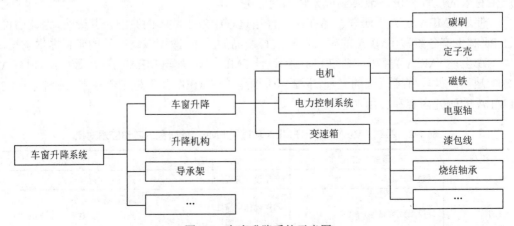

图 1-1　车窗升降系统示意图

过程 FMEA 与设计 FMEA 几乎同时开始，但是比设计 FMEA 稍迟。过程 FMEA 与设计 FMEA 之间既分工明确又紧密联系，两者具体关系如下。

1）一项产品特性的设计故障可能导致一项或多项产品功能故障。相应的过程故障是指过程无法实现设计特征，不符合产品特性，进而导致故障影响。在这一情况下，设计 FMEA 和过程 FMEA 所导致的故障影响是一致的。因此，所有过程故障导致的故障影响及在设计 FMEA 中未识别的故障影响都必须在过程 FMEA 中重新定义和评估。

2）产品设计的下一道工序是过程设计，产品设计应当充分考虑可制造性与可装配性问题。如果产品设计中没有适当考虑制造技术限制与操作者能力限制，就可能造成故障模式发生。

3）过程 FMEA 应将设计 FMEA 作为重要的输入，并在过程 FMEA 中将设计 FMEA 中标明的特殊特性作为重点分析内容。

FMEA 小组在了解事实后，应对与产品、系统和最终用户相关的故障影响及其严重度进行记录，而非对其做出假设。确定故障影响及其严重度的关键在于参与方之间相互沟通，以及了解设计 FMEA 中和过程 FMEA 中分析的故障异同点。图 1-2 所示为设计 FMEA 和过程 FMEA 之间的关系。

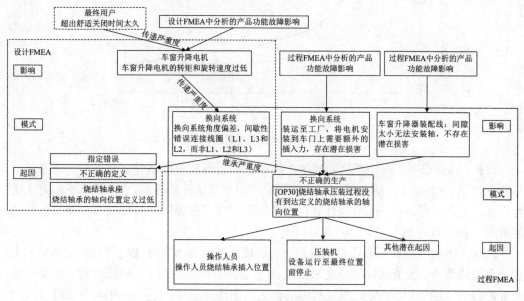

图 1-2　设计 FMEA 与过程 FMEA 之间的关系

1.1.4　实施 FMEA 的意义

FMEA 是一种重要的支持逆向思维的产品可靠性设计方法。它可以事前识别、分析生产与使用过程中最可能发生的不良状况或故障，以便在产品开发时采取相应对策，从而保证产品质量。1991 年，ISO 9000 质量管理标准（ISO 9000）推荐使用 FMEA 以提高产品结构和工艺设计质量；1994 年，FMEA 成为 QS 9000 认证要求。

随着科学技术的飞速发展，现代高科技系统存在着高度复杂的结构与逻辑控制关系，大幅增加了故障分析时间和评估新产品研制周期的难度。在这种情况下，人们对可靠性分析提出了更高的要求。在产品设计、研制、使用及维护的过程中，可靠性分析与设计是必不可少的。FMEA 是其中主要的分析技术之一，在许多工程实践中得到广泛应用。应用 FMEA 不仅可以有效预测产品设计过程中的潜在故障模式、影响及危害，还可以根据其分析结果优化产品设计方案，尽量预防和减少产品故障的发生，降低故障影响及其危害。

FMEA 已成为并行产品开发过程中的重要质量工具之一。国际先进企业在质量管理和可靠性管理中纷纷大力推行 FMEA。例如，美国汽车公司大约 50%的质量改进是通过 FMEA 和故障树分析（fault tree analysis，FTA）或事件树分析（event tree analysis，ETA）实现的；日本汽车及零部件制造企业应用 FMEA 和 FTA/ETA 的比例高达 100%。在日本企业崛起的过程中，FMEA 起到了重要作用（图 1-3）。

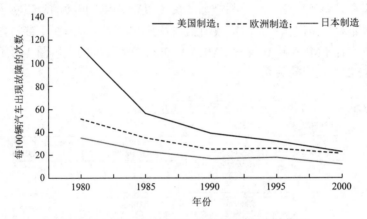

图 1-3　FMEA 在日本企业崛起过程中的作用

此外，国外很多厂商还严格要求生产行业在输出商品或产品时必须提供该商品或产品的 FMEA 分析报告。随着国内企业和用户对可靠性认识的提高，使用 FMEA 方法进行产品、生产过程、系统的可靠性分析，向使用方或买方提供产品可靠性方面的信息已经形成一种趋势。

FMEA 方法利用标准表格进行分析。当组成系统的基本零件或构件发生故障时，上层子系统或系统会受到影响。通过 FMEA 可以分析系统的可靠性、可维护性、安全性等所受的影响，并确定可能导致重大故障或损失的零件或构件。运用 FMEA 方法进行风险评估时，可将故障严重度加以量化，从而指明改善的优先顺序。根据 FMEA 分析结果，可以较为容易地进行与质量、可靠性、可维护性、安全性等有关的设计制造系统改善，使与目标系统相关的质量参数、技术参数和可靠性得到提高。

综上所述，实施 FMEA 可在产品设计或生产之前发现故障并找出原因，提前预防故障的发生，减少产品开发的时间和成本，提高产品或服务的质量、可靠性和安全性，提高用户满意度，进而最终提升企业形象和企业竞争力。

1.2　FMEA 发展

1.2.1　FMEA 起源与发展

FMEA 作为一种可靠性分析方法，最早起源于美国。20 世纪 50 年代初，美军战斗机的油压装置可靠性不高导致失事频繁、机毁人亡现象严重。美国格鲁曼（Grumman）公司首先将 FMEA 思想用于战斗机操作系统的改进设计分析中，取得了很好的效果。

20 世纪 60 年代，美国提出了"阿波罗计划"，推动太空研究。美国国家航空航天局（National Aeronautics and Space Administration，NASA）针对任务需要于 1963 年发布了可靠性计划，该计划要求制造商实施设计审查，同时明确规定在进行设计审查的过程中必须使用 FMEA 技术。因此，FMEA 被成功应用到美国登月工程，成为其中必不可少的应用技术。20 世纪 60 年代后期至 70 年代初期，FMEA 方法开始广泛应用于航空、航天、舰船、兵器等军用系统的研制中，并逐渐渗透到机械、汽车、医疗设备等民用工业领域。FMEA 用于产品设计、工艺设计、生产管理等各个环节，对改进设计方案和保证产品质量起到至关重要的作用。

为了使 FMEA 技术更加标准化和规范化，更便于与其他可靠性技术配合使用，许多欧美国家都将 FMEA 技术编入国家标准或军用标准。美国国防部于 1974 年颁布了 FMEA 的军用标准《故障模式、影响及危害性分析程序》（MIL-STD-1629），该标准规定了 FMEA 的作业程序；1980 年此标准修订为 MIL-STD-1629A，沿用至今。

从 20 世纪 80 年代开始，美国汽车行业为了应对强大的国际竞争压力，努力引入国防工业与太空工业的可靠性工程技术以提高汽车产品的质量与可靠性，FMEA 是当时所使用的风险评估工具之一。许多汽车公司开始发布供内部使用的 FMEA 手册，但此时发布的 FMEA 分析方法与美国军用标准有所区别，其中最主要的差异在于引入定量评分方法评估关键故障模式。后来，汽车公司将此方法推广应用于生产过程的潜在故障模式分析。同时，针对分析对象的不同，将 FMEA 分为设计 FMEA 与生产过程 FMEA，并开始要求供应商对其所供应的零件进行设计 FMEA 与生产过程 FMEA 分析，且将此视为供应商考核的重点项目。这样一来，FMEA 在汽车及其配件行业快速发展起来。1979 年，美国汽车工程师学会出台了行业标准《故障和失效分析》（SAE-ARP926）。

1985 年，国际电工委员会（International Electrotechnical Commission，IEC）公布了 FMEA 的国际标准 IEC 812。1988 年，美国联邦航空局发布咨询通报，要求所有航空系统的设计及分析都必须使用 FMEA。

20 世纪 90 年代，国际标准化组织（International Organization for Standardization，ISO）也积极采用 FMEA。1991 年，国际标准化组织推荐使用 FMEA 方法提高产品设计质量和过程设计质量。1994 年，FMEA 成为 QS 9000 的五大核心工具之一。ISO 9004：2000 对 FMEA 的内涵进行了补充。例如，ISO/TS 16949/QS 9000 已将 FMEA 作为设计分析与过程分析的方法及认证要求；ISO 14000 已将 FMEA 作为重大环境风险分析方法；ISO 9004 已将 FMEA/FTA 分析作为对设计和开发及产品和过程的确认和更改进行风险评估的方法。

1993 年，美国通用、福特、克莱斯勒三大汽车公司在美国质量管理协会[现美国质量协会（American Society of Quality，ASQ）]汽车分会及汽车工业行动集团（Automotive Industry Action Group，AIAG）的赞助下，针对汽车工业所使用的所有零部件制定了一套《潜在故障模式及影响分析参考手册》，确立了在美国汽车工业中应用 FMEA 的必要性，并统一了 FMEA 分析程序与表格。同时，该质量体系要求所有直接供应商都必须建立符合 FMEA 要求的质量体系并通过认证，自此 FMEA 成为了 QS 9000 的五大核心工具之一。该 FMEA 手册于 1995 年再版，第三版于 2001 年出版，第四版于 2008 年出版。2019 年，AIAG 和德国汽车工业协会（Verband der Automobilindustrie，VDA）共同发布了《FMEA 手册（第五版）》，为汽车行业创建一个新的 FMEA 提供基础。

1995 年，美国质量协会的 D.H.斯泰蒙迪斯（D. H. Stamatis）在长期研究 FMEA 技术的基础上，根据应用对象的不同，将 FMEA 细分为系统 FMEA、设计 FMEA、过程 FMEA 和服务 FMEA，之后又在设计 FMEA 的基础上延伸出环境 FMEA、设备 FMEA 和软件 FMEA。2005 年，斯泰蒙迪斯进一步对 FMEA 进行系统的分析和研究，并指出在应用 FMEA 技术时可以借助一些辅助工具，同时还深入阐述了 FMEA 技术和辅助工具之间的关系。这些辅助工具主要包括因果图、直方图、计算机仿真技术、控制图、排列图、决策树、散布图、质量功能展开、分层法等。

目前，FMEA 已在工程实践中形成了一套科学完整的分析方法。一些典型的 FMEA 标准/手册/规范见表 1-3。

表 1-3 部分 FMEA 标准/手册/规范

标准/手册编号	发布机构	描述
故障模式、影响及危害性分析指南（GJB/Z 1391—2006）	中国共产党中央军事委员会装备发展部（原中国人民解放军总装备部）	适用于中国的军工产品，包含功能 FMEA、硬件 FMEA、过程 FMEA 和软件 FMEA
MIL-STD-1629A	美国国防部	具有很长的、被认可的使用历史，适用于政府机构、军事机构和商业机构，可以根据故障模式的严重度等级进行危害度分析，主要包括功能 FMEA、硬件 FMEA
QS 9000 FMEA	美国通用、福特及克莱斯勒三大汽车公司	美国三大汽车公司制定的质量体系要求，所有直接供应商都必须在限期内建立符合 FMEA 要求的质量体系并通过认证
潜在故障模式及影响分析包括设计 FMEA、补充 FMEA-MSR 和过程 FMEA 标准（SAE J1739_202101）	国际汽车工程师协会（Society of Automotive Engineers，SAE）	由克莱斯勒、福特、通用等汽车公司提出的适用于所有汽车供应商的 FMEA 工程解释和指南
非汽车应用推荐的故障模式和影响分析（FMEA）实践（SAE ARP5580）	国际汽车工程师协会（SAE）	结合汽车行业标准和 MIL-STD-1629，适用于汽车工业和国防工业。非汽车工业包括（功能\接口\硬件）FMECA、软件（功能\接口\详细）FMECA、过程 FMECA
系统、设备和部件可靠性第 5 部分：故障模式、影响及危害性分析导则（BS 5760-5：1991）	质量管理与统计标准政策委员会	设计 FMECA 和过程 FMECA

标准/手册编号	发布机构	描述
FMEA 手册（第五版）	AIAG 和 VDA	由 AIAG 和 VDA 的定牌生产（Original equipment manufacturing，OEM）成员及一级供应商成员共同提出的适用汽车行业的 FMEA 指南

1.2.2　我国 FMEA 的发展

20 世纪 60 年代，我国开始重视引进可靠性技术，FMEA 与 FTA 等方法一起被引入国内。至 80 年代初，可靠性工作开始进入普及阶段。随着可靠性技术在工程中的应用，FMEA 的概念和方法逐渐被接受。

我国于 1987 年发布了《系统可靠性分析技术　失效模式和效应分析（FMEA）程序》（GB/T 7826—1987）（已被代替，现行标准为 GB/T 7286—2012），并于 1992 年发布了《故障模式、影响及危害性分析的要求和程序》（GJB 1391—1992）。

自 20 世纪 90 年代起，FMEA 一直都是很多行业必须开展的一项重要的可靠性工作。汽车行业的标准 QS 9000 和 ISO/TS 16949（已废止），都将 FMEA 作为重要考核内容。FMEA 技术已被我国从事产品设计、试验、管理和维修工作的专业技术人员所掌握，并在各个领域得到了广泛应用，在我国的军用标准中也增加了该项技术的相关内容。

在航天领域，中国运载火箭技术研究院在火箭安全控制系统的关键设备压力开关的初样设计阶段应用了 FMEA，取得了良好效果。把 FMEA 技术应用于航天器总装过程，可以建立一套适应航天器总装的可靠性理论，以此有效地控制航天器的总装质量，查找出总装过程中的潜在故障模式，从而达到提高航天器总装质量和效率的目的。在武器生产领域，国内的一些单位已经把 FMEA 作为弹用发动机研制过程中可靠性评估的重要组成部分，对发动机高压涡轮叶片可能潜在的断裂故障模式做出分析，并提出改进和预防措施。

目前，FMEA 在航空、航天、兵器、舰船、电子、机械、汽车、家用电器、医疗器械、软件等领域均获得了一定程度的普及，为保证产品可靠性发挥了重要作用。经过长期的发展与完善，该方法的应用已获得广泛认可，并受到研究人员和管理人员的高度重视。FMEA 被明确规定为设计研究人员必须掌握的技术之一，实施 FMEA 是设计者和承制方必须完成的任务。FMEA 是系统研制过程中必须完成的一项可靠性分析工作，其相关资料也被规定为不可缺少的文件，是设计审查中必须重视的资料之一。

1.3　FMEA 应用

FMEA 从军事领域延伸到工业领域，仍主要应用于生产制造过程。例如，解决新产品制造过程中不良产品过多的问题，消除产品质量上出现的问题，分析并确定作业过程中可能出现的人员作业疏忽，以及确定机械设计故障原因等。近年来，随着 FMEA 价值的进一步体现，FMEA 在其他领域的应用也越来越广泛。

1. 船舶行业

在船舶行业，FMEA 大多用于操作风险评估。刘胜等（2021）运用基于模糊置信理论的 FMEA 方法对全电力船舶推进系统进行风险评估与分析，并针对风险较高的绕组、铁心过热故障和软件故障模式提出相应的改进建议和措施。针对某型平台供应船设计过程中修改率上升的状况，储年生和王学志（2019）将 FMEA 应用到船舶设计项目风险管理中，并将发现机制和补救机制融入船舶设计过程控制中进行闭环管理，从而有效减少了设计差错，提高了船舶设计质量。魏明焓和宋庭新（2020）将 FMEA 应用于船舶等级维修管理系统的设计与开发，对船舶维修等级与最佳维修时机进行分析计算并生成维修需求报告，为船舶维修管理人员提供强有力的支持，提高了船舶维修效益。董翔（2020）采用 FMEA 对船舶综合桥楼系统（integrated bridge system，IBS）的航行安全性进行深入分析，以某型船的 IBS 为实例验证其功能结构体系设计能够完全满足船舶安全航行要求，为今后类似的船舶 IBS 设计提供了重要的参考依据。基于 FMEA、模糊证据推理和贝叶斯网络之间的关系，Chang 等（2021）提出了一种风险评估模型，用来评估海上自主水面船舶的作业风险。

2. 建筑行业

FMEA 已广泛应用于建筑行业，可以通过建筑施工阶段的 FMEA 分析检测该阶段可能出现的问题，以便改善作业安全性和提高作业效率。为了有效分析装配式混凝土建筑关键建造阶段的质量风险因素，王志强等（2019）提出了一种基于模糊逼近理想解排序法（technique for order preference by similarity to an ideal solution，TOPSIS）和变权法的改进 FMEA 模型，并结合实例验证了该模型的可行性和可操作性，为装配式混凝土建筑工程质量风险管理提供了一种思路。黄莺等（2021）将 FMEA 应用于建筑施工现场职业健康、安全和环境风险管理，并通过某体育场馆建设项目实例证明了 FMEA 的有效性和可操作性。基于模糊 FMEA、故障树分析法与层次分析法——数据包络分析（analytic hierarchy process-data envelopment analysis，AHP-DEA），黄震等（2020）构建了一种沉管隧道施工风险综合评估模型，并将该模型应用于广州金光东隧道工程沉管段施工风险评估，验证了该模型的可靠性，为沉管隧道静态风险评估提供了一种有效方法。Mete（2019）在集成 FMEA 方法、AHP、多目标优化方法和毕达哥拉斯模糊集的基础上提出了一种职业健康和安全风险评价方法，并将其应用到天然气管道施工的职业健康风险分析中。董家成和关罡（2021）开发了一种基于综合加权模糊逼近理想解排序法的改进 FMEA 模型，并利用该模型对建筑施工各阶段的区域风险进行综合评估与分级。风险评估结果表明，其所提出的模型能够较好地反映建筑工程施工现场的风险水平，为安全管理决策与应急疏散分析提供了有效支持。

3. 医疗行业

在医疗行业，应用 FMEA 能够有效降低医疗风险、提高医疗安全、减少医疗资源浪费等。周兴朝等（2019）采用 FMEA 对血液透析机的透析用水、血液回路和透析液回路三个方面开展风险分析，评估故障模式风险并制定相应的改进措施。研究结果表明，基于 FMEA 的血液透析风险分析能够明显降低血液透析机临床使用风险，减少其潜在故障发生，提高患者满意度。基于粗糙集和灰色关联分析法，Song 等（2020）开发了一种改进 FMEA 模型，该模型可用于评估医疗设备在临床使用过程中发生的故障风险。张绮萍等（2021）运用 FMEA 进行医院感染风险的识别、分析与评价，筛选出医院感染高风险事件，从中确定风险事件为手卫生依从性和血源性职业暴露两个院级优先级改进项目，并提出相应的风险控制措施。为了识别医疗器械产业链风险，王钰博和吴继忠（2021）利用 FMEA 深度挖掘风险来源，全面考虑风险与医疗器械产业链之间的关联，从产业链的不同层次和外界环境影响因素两个方面定位风险根源，并对风险水平进行分级，以便对风险进行有效的控制与管理。傅敏敏（2021）将 FMEA 技术应用到病区冷藏药品风险管理中，并制定相应的改进措施以降低冷藏药品风险，从而保障患者用药安全。研究结果表明，实施后冰箱报警次数、冷藏药品暴露时间、过期失效药品数量等均显著低于实施前；实施后患者不良反应的发生率显著低于实施前。

4. 交通行业

交通行业对车辆的安全性和可靠性要求很高，任何一个环节出现故障都会造成巨大损失。因此，识别、评估车辆故障模式风险对确保车辆的可靠性与稳定性有着十分重要的意义。朱江洪和李延来（2019）构建了一种基于区间二元语义的 FMEA 模型，该模型可用来评估地铁车门系统故障风险。为了评估城市轨道交通项目融资风险，张曼璐等（2019）针对轨道交通项目特点，在传统 FMEA 的基础上增加难控度指标，结合模糊数学理论对评价语言进行量化，并引入数据包络分析（DEA）方法构建城市轨道交通项目融资风险评估模型。基于区间直觉模糊集和决策试验与评价实验室（decision making trial and evaluation laboratory，DEMATEL）法，宋筱茜等（2019）提出了一种改进 FMEA，并将其应用到某市地铁车辆转向架系统风险评估中。风险评估结果表明，轮对运行状态不稳是车辆转向架系统风险最高的故障模式。江现昌和邹庆春（2020）运用 FMEA 技术对车辆牵引系统进行可靠性评估，并结合南昌地铁一号线牵引系统设计及现阶段运行状态分析牵引系统故障原因及薄弱环节，为制定适用于地铁一号线的牵引系统维修策略提供理论依据。周文财等（2021）将 FMEA、模糊 AHP 和模糊扩展全乘比例多目标优化（multi-objective optimization by ratio analysis plus the full multiplicative form，MULTIMOORA）法相结合，提出了一种模糊综合评价法。以北京现代一款轻型客车为实例进行分析并验证所提出方法的有效性，为提升车辆可靠性与优化车辆设计提供了参考依据。

5. 制造业

FMEA 在制造业的应用也非常广泛。例如，许林和谢庆红（2020）应用模糊理论和灰色理论对传统 FMEA 方法进行改进，并以某公司汽车雷达生产工艺为研究对象，针对其装配工艺过程中的故障模式和影响因素进行分析和工艺改进，以便提高产品质量，降低生产成本。徐至煌（2019）使用 FMEA 方法对波纹管补偿器潜在故障模式进行分析，并提出了提高波纹管补偿器安全性能的方法。Lo 等（2020）开发了一种基于决策试验与评价实验室法（DEMATEL）和 TOPSIS 的改进 FMEA 方法，用来评估某制造公司的数控机床风险。基于组合权重和灰色关联分析法，尤建新和邓晴文（2020）构建了一种改进 FMEA 风险分析模型，并利用该模型对数字化工厂制造执行系统的故障模式进行分析，帮助企业明确系统运行中影响最大的故障模式，有针对性地采取措施以提高系统的安全性与稳定性。Gul 和 Ak（2021）将区间直觉球形模糊集和 TOPSIS 结合，提出了一种用于评估大理石制造设备风险的改进 FMEA 模型。Li 等（2021）运用 FMEA 方法对某型漂浮式海上风电机组支撑结构故障进行分析，确定了漂浮式海上风力发电机组支撑结构临界故障的原因及故障模式，并提出了纠正和预防措施，确保漂浮式海上风力发电机组的安全运行。

6. 软件和信息技术服务业

信息系统开发是一个十分复杂的过程，其中软件的可靠性尤为重要，它不仅直接影响软件质量，还关系项目成败。高魏华等（2020）根据嵌入式系统开发现状及弹载嵌入式软件特点，提出了一种适用于弹载嵌入式系统的软硬件综合 FMEA，并将该方法用于弹载计算机软件可靠性分析。研究表明，软硬件综合 FMEA 对提高弹载嵌入式软件可靠性具有一定的有效性和实用性。Li 和 Zhu（2020）将减少与预测人为误差系统中的方法与 FMEA 相结合，提出了一种基于交互系统用户体验的人为失误风险分析方法，并将其应用到车载信息系统人为失误风险分析中。分析结果表明，该方法能够有效分析用户体验的人为失误风险，因而可作为交互设计中提高用户体验的可靠性方法。基于云模型理论和凝聚层次聚类算法，尤建新等（2021）提出了一种用于分析高校在线教学短板问题的改进 FMEA。于潇等（2021）将 FMEA、功能失效分析、层次化模型及故障树结合提出了一种系统安全分析方法，并使用该方法对综合化航空电子系统的驾驶舱显示系统进行安全性分析。分析结果表明，该方法不仅能够分析由自身原因引起的故障模式，还能分析组件与其他组件接口的输入故障模式，从而有效地解决了综合化航空电子系统功能故障传播问题，提高了系统安全性分析效率。

7. 其他行业

在核工业方面，Torres Jimenez（2019）利用 FMEA 评估美国核电项目开发过程中可能出现的概念设计变更风险，通过计算各故障模式的 RPN 识别高风险活动，协助工程师合理估算项目工时。李小泉（2021）运用 FMEA 对核电厂主蒸汽隔离阀控制系统进行评估，同时结合实际故障案例分析设备故障机理和故障原因，并提出提升系统可靠性的改进措施，为进一步提高核电厂主蒸汽隔离阀控制系统的可靠性提供了方向。

在军事装备方面，宋晓翠等（2019）提出了一种基于系统 FMEA 的可靠性评估方法，明确了故障影响分析准则，并设计出雷达故障严重度评分表。以某型雷达为例量化故障影响，评估雷达的可靠性状态，进行风险预警并提出应对措施。与常规评估方法相比，利用该方法计算得出的雷达可靠度更加准确，为提高雷达综合保障水平、降低保障成本提供了可行方法。王泰翔等（2019）将质量功能展开（quality function deployment，QFD）

与 FMEA 相结合，提出了一种舰船动力装置设计质量改进模型，并以某型舰船轴系设计为例进行分析。分析结果表明，该模型不仅能为提升动力装置可靠性、安全性等设计性能指标提供理论和方法支撑，还能为提高舰船动力装置设计水平提供一定的参考。

此外，陈旭琪和刘虎沉（2019）运用区间二元语义变量及区间二元语义的混合加权距离测度对 FMEA 方法进行改进，并将改进的 FMEA 模型应用于猪八戒网众包项目风险评价中。刘铮和刘虎沉（2021）提出了一种基于犹豫模糊语言集和平均解距离评价——企业分布式应用服务程序方法（enterprise distributed application service，EDAS）的改进 FMEA 模型，并将其应用于"去哪儿网"网络营销风险评价中。王立恩和刘虎沉（2017）构建了一种基于模糊集理论、后悔理论和复杂比例风险评估（complex proportional risk assessment，COPRAS）方法的改进 FMEA 模型，并通过企业仓储管理案例验证了改进 FMEA 模型的合理性和有效性。

1.4　FMEA 实施注意事项

FMEA 是一种"事前预防"行为而不是"事后纠正"行为，它可以识别并消除风险。需要注意的是，FMEA 是一种长期的、细致的、系统的工作。要想成功地进行 FMEA 分析，就应在实施 FMEA 的过程中注意以下问题。

1）FMEA 工作应与产品设计同步进行，尤其应在设计早期阶段开始进行 FMEA 分析，这将有助于及时发现设计中的薄弱环节，并为安排改进措施的先后顺序提供依据。

2）在确定某产品、过程可能发生的故障模式时，应当召集相关人员开会，并在会议中采用头脑风暴法，鼓励大家尽可能地将潜在故障模式一一找出。同时，也应参考以往类似产品、过程的记录及经验。在应用 FMEA 时，可以根据自身产品、过程的特点为 S、O、D 等参数制定合理的评定标准。本书中给出的评定标准仅供参考。

3）在产品研制的不同阶段应当进行不同程度、不同层次的 FMEA 分析。也就是说，FMEA 应当及时反映设计与工艺上的变化，并随着研制阶段的展开不断补充、完善和反复迭代。

4）一般应将 RPN 值高的故障模式作为控制重点，但在实践中不管 RPN 值大小如何，只要当某种故障模式的严重度很高时（取值为 9 或 10），就应特别注意预防故障模式发生。制定预防、改进措施的目的是尽可能地降低 RPN 值，即减小严重度、发生度和检测度这三个风险因子中的任何一个或全部的值。

5）FMEA 是一个连续的动态过程，当系统采取所有的改进措施后，FMEA 团队应该重新评估故障的严重度、发生度和检测度，计算新的 RPN 值并对故障进行分等排序。反复进行这些过程，直到 FMEA 团队确认已经覆盖了所有的相关信息，所有的 RPN 值都小于规定的界限值。

6）FMEA 团队成员应涉及各个部门和各类专家，确保每个环节得到充分考虑。更重要的是，这些专家必须有客观公正的态度，包括客观评价与自己有关的故障、分析故障原因等；一旦分析出故障原因，就要迅速果断地采取措施，使 FMEA 分析成果落到实处而不流于形式。

7）应当加强 FMEA 分析工作规范化，保证产品 FMEA 的分析结果具有可比性。在开始分析复杂系统之前，应当统一制定 FMEA 的规范要求，并结合系统特点对 FMEA 中的分析约定层次、故障判据、严重度与危害度定义、分析表格、故障率数据来源和分析报告要求等做出统一规定及必要说明。

8）在进行 FMEA 分析及制定措施过程中，应当注意故障模式、故障原因、故障后果三者之间的逻辑关系，以及建议与采取措施之间的关系，它们之间并不是完全的一一对应关系，可能存在一对多关系或多对一关系。例如，一个故障原因可能产生几个故障后果，一个故障后果也可能由几个故障原因产生；同样，在采取措施的过程中也可能由于成本、进度等没有采纳建议。再者，应当辩证地处理故障模式、故障原因、故障后果三者的关系，在低级分析中出现的潜在故障后果，相对其高一级而言可能是某一种故障模式或原因，因此在制定后续文件（产品图样、控制计划、作业指导书等）时应当考虑对这些后果、原因的控制，并将其控制方法、控制手段纳入文件中。

9）建立 FMEA 信息资料库，并充分运用现代化的计算机管理手段进行管理，以便在企业其他工作中应用 FMEA 数据库中的数据、经验、技术，充分发挥 FMEA 数据库的作用，从而在质量、成本与进度方面给企业管理带来良好的效果。由于 FMEA 信息数据库中包含了企业一些先进的产品过程设计、制造经验，因此企业有必要对其内容的访问采取严格的保密措施，当用户要求提供相关内容时应做必要的技术处理。

1.5 本书体系结构

本书基于国内外 FMEA 的研究成果，从"事前预防、持续改进"的现代质量观出发，提炼 FMEA 的基本原理及方法，将理论与技术有机结合，系统地分析不同类型 FMEA 的实施流程及应用，并总结现有研究的不足及最新进展。本书旨在使 FMEA 成为具有可操作性的可靠性分析方法，通过介绍常用的 FMEA 工具和 FMEA 软件，帮助读者全面掌握 FMEA 的基本思想、基本方法与基本技术。

本书共分为 9 章。第 1 章介绍 FMEA 的基本知识、国内外 FMEA 的发展、FMEA 的应用范围及应用领域、FMEA 实施的注意事项及本书体系结构；第 2 章介绍 FMEA 的准备工作、FMEA 团队及构成、FMEA 的实施步骤及 FMEA 更新与维护，主要关注如何正确实施 FMEA；第 3 章介绍系统 FMEA 的基本理论、实施流程、表格编制说明及应用；第 4 章介绍设计 FMEA 的基本理论、实施流程、表格编制说明及应用；第 5 章介绍过程 FMEA 的基本理论、实施流程、表格编制说明及应用；第 6 章介绍 FMEA 的相关工具，如因果图、排列图、矩阵图、流程图等；第 7 章介绍 FMECA 的分析方法、实施步骤及应用；第 8 章介绍几种常见的 FMEA 软件；第 9 章介绍 FMEA 存在的不足、改进措施、文献计量分析及《FMEA 手册（第五版）》。

复习与思考

1. 什么是 FMEA？FMEA 有哪些特点？
2. FMEA 涉及哪些概念？
3. FMEA 有哪些种类？它们之间的关系如何？
4. 为什么要开展 FMEA 分析？
5. FMEA 包括哪些发展阶段？各阶段的显著特征是什么？
6. FMEA 有哪些应用领域？
7. 实施 FMEA 时有哪些注意事项？

第 2 章

FMEA 实施流程

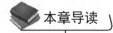 **本章导读**

　　作为一种具有前瞻性的可靠性分析方法，FMEA 可以事前识别、分析产品生产与使用过程中最可能发生的不良情况或故障，以便在产品开发时采取相应的对策，从而保证产品质量。正确开展 FMEA 分析不仅能为企业带来巨大的经济效益，还能提升企业的竞争力。本章首先介绍开展 FMEA 分析之前的准备工作，包括 FMEA 的应用情形、工作人员要求和 FMEA 团队及构成；其次，阐述 FMEA 的基本思想，给出严重度、发生度、检测度的评价准则及风险优先数的计算方法；然后，系统地分析 FMEA 的实施流程，对组建专家团队，明确分析范围，确定用户识别功能、要求和规范等步骤进行详细阐述；最后，简要介绍 FMEA 的更新与维护，并对启动 FMEA 评审和更新工作的几种情况进行探讨。

2.1　FMEA 的准备工作

　　FMEA 是在产品设计阶段或过程设计阶段，对构成产品的子系统、零件及构成过程的各个工序逐一进行分析，找出所有潜在故障模式，并分析其可能造成的后果，从而预先采取必要措施。因此，在实施 FMEA 分析前需要对分析对象进行全面深入的了解，否则列出的故障模式漏洞百出，对改善并无很大帮助。此外，在确定分析对象潜在故障模式时，需要了解其工作条件、工作环境等情况。

2.1.1　FMEA 的应用情形

　　FMEA 的应用情形如下。

　　（1）新设计、新技术或新过程

　　1）在新产品设计时要进行完整的设计 FMEA 分析。

　　2）在引入新技术时要对所有新技术进行 FMEA 分析。

　　3）在设计新的制造过程时要进行完整的过程 FMEA 分析。

（2）对现有设计或过程的修改

1）当对现有产品设计做出修改时，要对修改的部分及其产生的相互影响进行 FMEA 分析。

2）当对现有制造过程做出修改时，要对修改的过程进行 FMEA 分析。

（3）将现有设计或过程用于新的环境或场所

当现有设计或过程应用在一个新的环境或场所时，应对现有设计或过程在新环境或场所中产生的影响进行分析。

FMEA 不是一劳永逸的解决方案，而是一份动态文件，需要随着产品或过程的更改不断地进行修订。FMEA 是对设计过程中所用的技术和经验的总结。一份好的 FMEA 文件能够给后续的产品设计或过程设计提供很好的思路和借鉴。

2.1.2　工作人员要求

为了使 FMEA 分析能够真正发挥其应有的作用，在对分析对象实施 FMEA 分析前，分析人员需要具备以下基本条件。

1）熟悉产品的工作原理、阶段任务、环境条件、各项功能及设计要求。

2）对同类产品或相似产品的故障情况有所了解。

3）能够收集整理产品的文件资料，包括系统图、结构图、动作顺序说明、操作指导书、故障排除方案等。

4）能够对类似系统进行调查。通过调查功能、性能、用途、使用条件等方面类似系统的特征、故障及对策，加深对系统的认识。

2.1.3　FMEA 团队

为了完成全部工作并取得最好结果，必须由团队来开展 FMEA 工作。FMEA 作为催化剂能够激励人们就相关功能之间的关系广泛交流意见，单个工程师或个人都不能起到这种作用。

1. 团队

团队是指为了达到企业共同目标的个人集合。团队有规则地聚集在一起确定问题和解决问题，能够改善工作流程和提高工作效率。各团队在工作交流中保持高效开放性，为企业创造出期望的经济效益或产生积极的效果。团队之间的关系如图 2-1 所示。

影响团队表现和团队效率的因素如下。

1）企业文化的整体性：思想体系、酬劳、期望、标准、规范等。

2）团队自身：会议管理，角色和责任，冲突管理，操作程序，任务陈述等。

3）团队个人：自我意识，对个人差异的正确评价，投入状态，关注程度等。

这些因素之间的关系如图 2-2 所示。

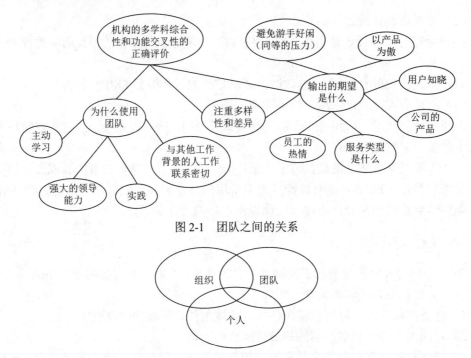

图 2-1　团队之间的关系

图 2-2　组织、团队及个人之间的关系

2. 采用团队形式

鼓励采用团队形式而不采用个人形式的理论依据是协同配合。协同配合是指团队中各成员的协作输出要比个人单独工作的输出之和大。例如，两只手协同工作的效率要比两只手各自工作的效率之和高。从 FMEA 观点看，团队是提高工作效率的基础。团队在任务环境中定义工作事项和存在的问题，确定工作建议和工作计划的指导思想，推荐适用的分析方法和技术，并根据讨论的结果进行决策。通常团队的形成是为了特别强调以下几个方面。

1）工作：任务的复杂性，提高生产力和质量，工作系统的稳定性。

2）人员：提高期望，人员联络的需要，提高认知能力，特殊问题（和时间有关），未来的发展方向，在全球市场中生存。

所有与系统应用无关的团队必须熟悉解决问题的过程，包括问题描述、根本原因分析、根据事实提供解决方案、执行、评估。此外，还必须对以下问题有很清晰的认识：任务定义，责任和义务，定义边界，定义工作障碍并就此进行交流，具有申请支持和帮助的权利。

当团队利用集体智慧（协同配合）使整个团队和机构受益时，必须注意以下几点。

1）关联性——团队收集的信息应与需要解决的问题相关且有价值。

2）可靠性——信息收集过程应该一致，且应独立于企业和个人的变化。

3）准确性——数据准确表达的方式应以能够正确表达信息内容为准，换句话说，就是不要把准确性和精确性相互混淆。

4）高效性——任务的设计和执行应将数据收集过程所造成的负担降到最低。

2.2　FMEA 的基本思想

任何系统都是由多个部件组成的，每个部件将以规定的"标准状态"在规定时间内和规定条件下完成预定功能。当其中一个部件发生故障时，整个系统工作必然受到影响。根据系统的设计特征和工作要求，各个部件的故障模式及其影响也不相同。只要逐一分析和评价这些部件的故障模式及其影响，就能够发现系统薄弱环节和关键件、重要件，为实施改进或控制措施提供依据。

作为一项由跨部门团队进行的事先预防活动，FMEA 是一种结构化的、自下而上的归纳性分析方法，如图 2-3 所示。它按照一定的原则将要分析的系统划分为不同约定层次，并从最低约定层次的各组成着手逐层分析。FMEA 的目的是及早发现潜在的故障模式，并探讨其故障原因；在故障发生后，分析该故障对上一层子系统和系统所造成的影响，并采取适当措施和改善对策以提高产品和系统的可靠性。

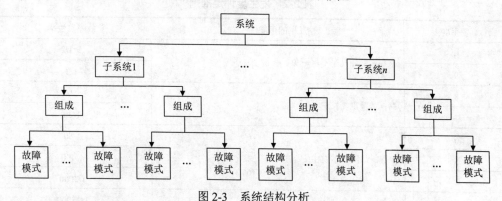

图 2-3　系统结构分析

在分析某一系统时，FMEA 是一组系列化的活动，包括找出系统中潜在的故障模式；评估各故障模式可能造成的影响及其严重程度；分析故障发生的原因及其发生的可能性；评估故障发生时的检测度；计算故障模式的 RPN 值；根据 RPN 值综合分析并确定应当重点预防、控制的项目；制定预防改进措施，明确措施实施的相关职责并跟踪、验证。

RPN 是严重度、发生度和检测度的乘积，即

$$RPN = S \times O \times D \tag{2-1}$$

式中，S 是指潜在故障发生时对下一道工序、子系统、系统或用户影响后果的严重程度；O 是指某一特定故障发生的可能性；D 是指当某一特定故障发生时，根据现有的控制手段及检测方法未能将其准确检出的概率。这三个风险因子的取值范围为 1~10，其评定准则见表 2-1~表 2-3。RPN 的取值范围为 1~1000，RPN 值是某一潜在故障模式发生的风险及其危害性的综合评价指标，应将 RPN 值高的故障模式作为预防控制的重点。

表 2-1 严重度评定准则

严重度	后果	评定准则
10	无警告的严重危害	在无警告的情况下,故障将对人身安全造成伤害或故障不符合政府法规规定
9	有警告的严重危害	在有警告的情况下,故障将对人身安全造成伤害或故障不符合政府法规规定
8	很高	系统丧失基本功能,无法运行
7	高	系统能够运行,但其性能下降。用户很不满意
6	中等	系统能够运行,但其舒适/方便性方面产生故障。用户不满意
5	低	系统能够运行,但其舒适/方便性方面性能下降。用户有些不满意
4	很低	系统最终产品不符合要求,大多数用户能够发现缺陷(>75%)
3	轻微	系统最终产品不符合要求,50%的用户能够发现缺陷
2	很轻微	系统最终产品不符合要求,有辨识能力的用户能够发现缺陷(<25%)
1	无	对系统没有影响

表 2-2 发生度评定准则

发生度	发生的可能性	故障发生率
10	很高:故障几乎不可避免	≥1/2
9		1/3
8	高:故障重复发生	1/8
7		1/20
6	中等:故障偶尔发生	1/80
5		1/400
4		1/2000
3	低:故障相对很少发生	1/15000
2		1/150000
1	极低:故障不太可能发生	1/1500000

表 2-3 检测度评定准则

检测度	检出的可能性	评价准则
10	几乎不可能	当前的控制措施不能检测到故障或对故障根本没有控制措施
9	极低	当前的控制措施检测到故障模式的可能性极低
8	非常低	当前的控制措施检测到故障模式的可能性非常低
7	很低	当前的控制措施检测到故障模式的可能性很低
6	低	当前的控制措施检测到故障模式的可能性低
5	中等	当前的控制措施检测到故障模式的可能性中等
4	中上	当前的控制措施检测到故障模式的可能性中上
3	高	当前的控制措施检测到故障模式的可能性高
2	很高	当前的控制措施检测到故障模式的可能性很高
1	肯定能够	当前的控制措施肯定能够检测到故障

2.3　FMEA 的实施步骤

FMEA 的实施是一个反复评估、改进和更新的过程。一般情况下，FMEA 分析流程如图 2-4 所示。

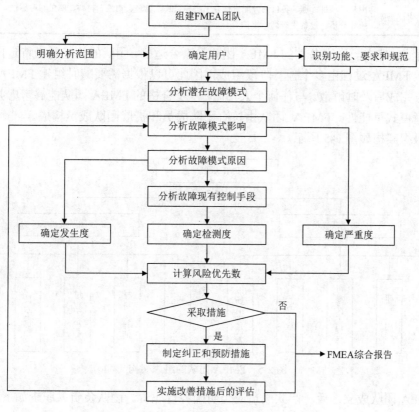

图 2-4　FMEA 分析流程图

1. 组建 FMEA 团队

FMEA 团队一般由 5～7 人组成，团队成员需要来自不同学科且具有多职能背景，可以利用许多人的知识和经验来提升 FMEA 结果的认知度，并加强跨部门的联系与合作。FMEA 团队成员的选择如表 2-4 所示。

表 2-4　FMEA 团队成员选择参照表

FMEA 展开主题	相关资源
范围	项目管理、用户、具有综合职责的个人
功能、要求和期望	用户、项目管理、各自的分配责任、服务运作、安全、生产和组装、包装、物流、材料
潜在故障模式	用户、项目管理、各自的分配责任、服务运作、安全、生产和组装、包装、物流、材料、质量
故障后果和结果	用户、项目管理、各自的分配责任、服务运作、安全、生产和组装、包装、物流、材料、质量
故障原因	用户、生产和组装、包装、物流、材料、质量、可靠性、工程分析、统计分析、设备制造商、维护

续表

FMEA 展开主题	相关资源
故障发生频率	用户、生产和组装、包装、物流、材料、质量、可靠性、工程分析、设备生产商、维护
现有预防控制措施	生产和组装、包装、物流、材料、质量、可靠性、工程分析、设备制造商、维护
现有检测控制措施	用户、生产和组装、包装、物流、材料、质量、维护
必须给出的建议措施	用户、项目管理、各自的分配责任、生产和组装、包装、物流、材料、质量、可靠性、工程分析、统计分析、设备生产商、维护

实际上，建立一个永久性的 FMEA 团队是不合适的，团队的构成是由特定任务决定的。由于 FMEA 过程由多个任务阶段组成，因此可以根据需要随时组建 FMEA 团队，并在任务完成后及时解散。与任何个人相比，一个合格的 FMEA 团队能够考虑并提出更多的故障模式可能性。FMEA 团队由核心团队成员和扩展团队成员构成。一个 FMEA 团队的组织架构如图 2-5 所示。

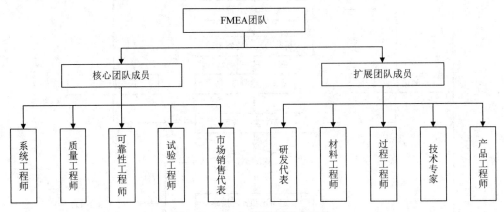

图 2-5　FMEA 团队的组织架构

FMEA 团队成立之后，团队成员应当明确各自职责。团队负责人职责如下。

1）组织会议，包括准备会议材料、FMEA 软件、会议室等。

2）保证会议安排与进度表一致（确定所有会议的日期）。

3）保证 FMEA 的正确使用。

4）正确寻找并使用故障分析工具（头脑风暴法、智力卡片、类推法、倒推法等）。

5）主持会议以优化团队工作方法、提高工作效率。团队中的每个人都参与其中，并且每个人的建议都有可能成为团队的方案。

6）确认引导者的任务将被实现。

7）起草报告，整理总结会议纪要并发放给相关人员。

团队成员及相关部门职责如下。

1）过程的讨论确认，包括系统范围、制造流程、FMEA 内容确认、项目影响评估等。

2）分析潜在故障发生原因，应当站在各职能角度充分探讨。

3）提出现行控制方法，拟定改善措施，经团队确认后执行改进措施。

4）FMEA 改善后，计算 RPN 值并做出有效性评价。

5）由技术质量部保存与上述活动相关的文件和技术资料。

2. 明确分析范围

FMEA 分析范围可以根据系统的复杂程度、重要程度、技术成熟度及分析工作的进度和费用约束等确定，也可根据开发的类型和对象确定。例如，图 2-6 所示为自行车的系统级、子系统级及部件级的 FMEA 分析范围。在过程开始时，可用设计矩阵表（表 2-5）确定分析范围，确保方向和重点一致。

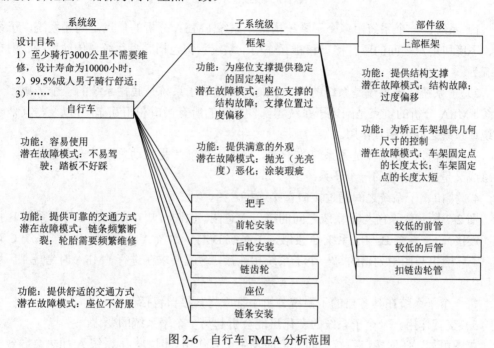

图 2-6　自行车 FMEA 分析范围

表 2-5　设计矩阵表

产品代码/描述					项目编号			
潜在起因					功能-期望属性（潜在故障模式）			
					外观	功能	工艺性	环境
初期特殊性	类别/特性	故障	牢固的界限范围	单位				

由 FMEA 团队负责确定 FMEA 分析范围。FMEA 团队在进行系统 FMEA 时需要考虑子系统 A、子系统 B、子系统 C 和子系统 D，以及构成该系统的外围环境（图 2-7）。相关术语定义如下。

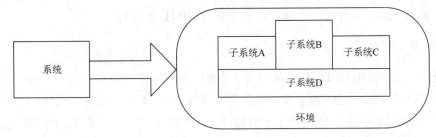

图 2-7　系统与子系统

1）系统。一个系统由多个子系统构成。系统 FMEA 分析的焦点是阐述系统、子系统、环境和用户之间的所有接口和相互作用。系统示例包括底盘系统、传动系统、内饰系统等。

2）子系统。子系统是系统的一个子集，如悬吊子系统是底盘系统的一个子集。子系统 FMEA 分析的重点是阐述子系统零部件之间的所有接口和相互作用，以及与其他子系统或系统之间的相互作用。

3）零部件。零部件是子系统的子集。例如，制动片是制动总成的一个零部件，制动总成又是底盘系统的一个子系统。

4）接口。子系统之间通过接口直接连接。

图 2-7 所示为系统与子系统之间的接口示意图。由图可知，子系统 A 与子系统 B 接触（连接），子系统 B 与子系统 C 接触，子系统 D 与子系统 A、子系统 B、子系统 C 均接触。环境也与图中列出的每一个子系统相连接，这就要求在进行 FMEA 时考虑"环境接口"。

每一个子系统在其各自的子系统分析中都应将其接口包括在内。

5）交互作用。一个子系统的变化可能会引起另一个子系统的变化。

由图可知，任何接口系统之间都可能发生交互作用。例如，子系统 A 加热会导致子系统 D 和子系统 B 通过各自的接口获得热量，同时子系统 A 还向环境释放热量。交互作用还可能通过环境传递发生在"非接触"子系统之间。例如，子系统 A 和子系统 C 是不同的金属，并且两者由非金属组成的子系统 B 隔开，但在环境湿度很大的情况下，子系统 A 和子系统 C 之间仍然会发生电解反应。因此，预测非接触子系统交互作用相对较难，但却很重要，应当加以考虑。

可以帮助团队确定 FMEA 分析范围的方法有很多，包括功能模式、方块图、界面图、过程流程图、关系矩阵图、示意图、材料清单等。

3. 确定用户

在 FMEA 过程中有四类主要用户，他们的所有要求均应列入 FMEA 分析的考虑范围。

1）最终用户：使用产品的人员或组织。FMEA 分析对最终用户的影响，如耐用性。

2）原始设备制造商（OEM）：OEM 生产运作（冲压和传动等）和组装场所。阐述产品和组装过程的接口处理对有效的 FMEA 分析极为关键。

3）供应链制造：材料和部件的制造、组装、装配的供应商场所。它包括生产件和服务件的制造、装配过程，以及热处理、焊接、涂漆、电镀等或其他表面处理的过程。此外，它也可以是任何后续操作/下游操作或者下一层的制造过程。

4）政府法规机构：制定要求并监督安全与环境规范符合性的政府代理机构。这些要求和规范可能影响产品和过程。

了解这些用户将有助于更加充分有效地定义产品功能、要求和规范，同时也有助于确定故障模式带来的相关影响。

4. 识别功能、要求和规范

识别并理解与定义范围相关的功能、要求和规范，其目的在于阐明项目设计目的和过程目的。这样就可以针对功能的每个属性和每个方面，帮助确定其潜在故障模式。若一项功能有多个要求且其潜在故障模式也不同，则最好将这些功能及要求分别列出。制动系统项目示例见表 2-6。

表 2-6　制动系统项目示例

项目	功能	要求	故障模式
盘式制动系统	按照要求制动（考虑行驶环境条件，如潮湿、干燥等）	在干沥青路面上以规定的距离和力制动	×××
		在没有系统指令的情况下允许车辆无阻碍运行	×××
制动转子	使力从制动垫转到车轴上	在车轴上产生规定的转矩抗力	×××

5. 分析潜在故障模式

故障模式可定义为产品和过程未满足设计目的或过程要求的方式或状态。潜在故障模式应当用专业技术术语描述，注意不要将其描述成用户可感知的现象。制动系统项目潜在故障模式见表 2-7。

表 2-7　制动系统项目潜在故障模式

项目	功能	要求	故障模式
盘式制动系统	按照要求制动（考虑行驶环境条件，如潮湿、干燥等）	在干沥青路面上以规定的距离和力制动	车辆不能停止
			车辆超过规定的距离制动
			用超过规定的力制动
		在没有系统指令的情况下允许车辆无阻碍运行	在没有指令的情况下启动，车辆运动部分受阻
			在没有指令的情况下启动，车辆不能运动
制动转子	使力从制动垫转到车轴上	在车轴上产生规定的转矩抗力	转矩抗力不足

若某单一的要求被识别出大量的故障模式，则说明此定义的要求不够简洁和准确。必须对那些仅在确定的操作条件（热、冷、干、粉尘等）和使用条件（超过平均里程、糟糕路况、仅在市区行驶等）下出现的潜在故障模式予以考虑。

在列出所有潜在的故障模式后，可从以下方面评审检查故障模式识别的完整性：头脑风暴、相似设计的比较、故障报告、不合格品报告、报废报告、客户投诉报告、类似零件的索赔/投诉等。

常见的故障有两大类：Ⅰ类故障与Ⅱ类故障。

Ⅰ类故障是指不能完成规定的功能，如突发型和渐变型故障。

突发型故障包括断裂、开裂、碎裂、弯曲、塑性变形、失稳、短路、断路、击穿、泄漏、松脱等。

渐变型故障包括磨损、腐蚀、龟裂、老化、变色、热衰退、蠕变、低温脆变、性能下降、渗漏、失去光泽、褪色等。

Ⅱ类故障是指产生了有害的非期望功能，如噪声、振动、电磁干扰、有害排放等。

6. 分析故障模式影响

按照用户能够感知的故障模式对功能的影响来定义故障的潜在影响。故障后果或故障影响应当根据用户可能发现或经历的情况来描述。这里的用户既可以是内部用户，也可以是最终用户。潜在影响确定包括故障后果分析和后果严重性分析。典型的故障后果包括噪声、工作不正常、不良外观、不稳定、间歇性工作粗糙、无法紧固、无法钻孔、无法攻丝等。制动系统项目潜在的故障后果见表2-8。

表2-8　制动系统项目潜在的故障后果

项目	故障模式	后果
盘式制动系统	车辆不能停止	车辆控制削弱；不符合法规
	车辆超过规定的距离制动	车辆控制削弱；不符合法规
	用超过规定的力制动	不符合法规
	在没有指令的情况下启动，车辆运动部分受阻	制动垫寿命减少；车辆控制减弱
	在没有指令的情况下启动，车辆不能运动	用户无法驾驶车辆

故障后果可从以下几方面考虑。

1）对完成规定功能的影响。

2）对上一级系统完成功能的影响。

3）对系统内其他零件的影响。

4）对用户满意度的影响。

5）对安全和政府法规符合性的影响。

6）对整个系统的影响。

7. 分析故障模式原因

故障潜在原因说明故障是如何发生的，应被描述为可以纠正、控制的问题。故障的潜在原因可能显示出设计不足，其后果是故障模式。故障原因与其导致的故障模式之间有直接联系（也就是说，如果有故障原因存在，故障模式就会发生）。在识别故障模式的根本原因时，要尽可能做到详细，以便制定适当的风险控制措施。如果有多个原因，就要对每个原因进行独立分析。制动系统故障模式及其潜在原因见表2-9。

表 2-9　制动系统故障模式及其潜在原因

故障模式	机理	故障原因
车辆不能停住	力没有从脚踏板传导到制动垫	防腐不当导致机械连接处断裂
		不正确的连接器转矩规范导致液压油从松的液压管流失
		不当的管材设计导致液压管卷曲/压缩，使液压油流失
超过规定距离车辆才停住	从脚踏板传导到制动垫的力减小	不适当的润滑规范导致机械连接处不灵活
		防腐不当导致机械连接处腐蚀
		管材设计不当导致液压管卷曲，使液压油部分流失
在没有指令的情况下启动，车辆运动受阻	制动垫没有松开	表面抛光不好导致横杆上腐蚀或沉积杂物

潜在故障原因的分析方法主要有以下几种。

1）现有类似产品的 FMEA 资料。

2）应用故障链模型，找出直接原因、中间原因和最终原因。

3）应用"五个为什么分析法"。

以故障模式"门锁扣不上"为例说明"五个为什么"。

为什么？因为锁舌与锁座错位。

为什么？因为车门下沉。

为什么？因为门铰链变位。

为什么？因为固定门铰链的框架变形。

为什么？因为框架刚度不足。

4）应用因果图（鱼刺图），从人、机、料、法、环等方面进行分析；应用排列图、相关分析、试验设计等方法，从可能的多因素原因中找出主要原因。

5）应用故障树分析法找出复杂系统的故障原因与故障机理。

6）充分发挥团队经验，采用头脑风暴法对可能的原因进行归纳分析。

8. 分析故障现有控制手段

控制是指预防或检测故障原因或故障模式的活动。在分析控制活动时，重点在于明确哪里出了问题，其原因是什么，以及怎样预防或者发现问题。控制适用于产品设计或制造过程，分别称为现行设计控制和现行过程控制。

1）现行设计控制是已经实施或承诺的活动，它将确保设计充分考虑设计的功能性和可靠性要求。现行设计控制分为预防控制和检测控制两种类型。

① 预防控制：消除故障的起因/机理或防止故障模式出现，或者降低其出现的概率。

预防控制方法主要有标杆分析研究；故障安全设计；设计和材料标准（内部和外部）；文件——从相似设计中学到的最佳实践和经验教训等记录；模拟研究——概念分析，建立设计要求；防错。

② 检测控制：在产品发布之前，通过分析或物理的方法识别（检测）故障原因、故障机理或故障模式的存在。

检测控制方法主要有设计评审、样件试验、确认试验、模拟研究——设计确认、试验设计（可靠性测试、使用相似零件的原型）。

若有可能，则应优先采用预防控制方法。若将预防控制作为设计意图的一部分，则将影响最初的发生度等级的评定。

2）现行过程控制是指可以最大程度预防故障起因的控制，或发现故障模式或故障起因的控制。现行过程控制分为预防控制和检测控制两种类型。

① 预防控制：消除（预防）故障起因或故障模式的发生，或者降低其发生的频率。常用的预防控制方法有统计过程控制、防错、预防性维护。

② 检测控制：识别（检测）故障起因或故障模式会导致开发相关的纠正措施或对策。常用的检测控制方法有首件检查、巡检、目视检查、定期检查。

一旦确定了设计/过程控制，就要评审所有的预防措施以确定是否有需要变化的频数。

9. 计算风险优先数

FMEA 的关键步骤是风险评估。风险评估包括三个风险因子：严重度、发生度和检测度。利用式（2-1）可以计算出 RPN 的值。RPN 的值越大，其相应故障模式的风险水平越高。这意味着需要进行后续的预防改进工作。值得注意的是，各个系统 FMEA 的评价标准可能不同，把某一 RPN 值作为控制界限是没有意义的。

10. 制定纠正和预防措施

针对关键故障模式，即由严重度、发生度和检测度所计算出的 RPN 值来决定进行改进时的优先次序，并按照风险排序结果制定纠正和预防措施。首先应当针对高严重度、高 RPN 值和团队指定的其他项目进行预防/纠正措施评价。当 RPN 值相近时，应当优先选择严重度大的故障模式或严重度和发生度都较大的故障模式；如果 RPN 值很高，设计人员就必须采取纠正措施。任何建议措施的意图都要按照以下顺序降低其风险等级：严重度、发生度和检测度。

在实践中，不管故障模式的 RPN 值多大，当严重度是 9 或 10 时，必须予以特别注意，确保采取相应的设计控制措施或预防/纠正措施。

若已确定潜在故障模式的后果可能会给用户/操作者造成危害，则应考虑采取预防/纠正措施以避免该故障模式的产生。

纠正和预防措施一般分为以下两类。

1）预防性措施：能够避免故障的发生。

2）补偿性措施：如果一旦发生了故障，就能尽量减少故障造成的损失。

为了确保采取适当的措施，可以采用下列方式，包括但不限于：

1）确保达成了设计要求（含可靠性）。

2）评审工程图样和工程规范。

3）确定其在装配/制造过程的组织内。

4）评审 FMEA、控制计划和操作指导。

5）记录完成建议措施的职责和时间安排。

11. 实施改善措施后的评估

拟定措施后必须付诸实施，并针对实施改善措施或管理控制措施后的故障模式影响进行评估，评估措施的有效性，即是否降低了关键故障模式的风险水平。

12. FMEA 综合报告

在完成上述各程序后，团队工作人员除了将分析结论填入 FMEA 报告表（表 2-10）外，还应提出综合报告及建议事项，作为持续改进的依据。

表 2-10　FMEA 报告表

项目名称： _____　相关供应部门： _____　FMEA 修订日期： _____

责任部门： _____　模型／产品： _____　FMEA 团队： _____

责任人： _____　工程发布日期： _____

其他相关部门： _____　实施 FMEA 日期： _____

第____页，共____页

项目功能	潜在故障模式	潜在故障影响	S	潜在故障原因	O	检测方法	D	RPN	建议措施	责任人/完成日期	实施措施结果				
											纠正措施	S	O	D	RPN

　　FMEA 报告的目的是组织收集和展示相关 FMEA 信息，具体格式可以根据组织需要和用户要求变化。其所使用的格式至少应当描述以下内容。

1）分析产品或过程的功能、要求。

2）当功能/要求不符时的故障模式。

3）故障模式的后果和结果。

4）故障模式的潜在起因。

5）针对故障模式的起因所采取的行动和控制手段。

6）防止故障模式再次发生的措施。

2.4 FMEA 的更新与维护

FMEA 通常是在产品或过程设计开发的初始阶段建立的。在实际工作中，经常出现 FMEA 完成分析即被搁置的情况。这是使用 FMEA 时常见的错误。为了保证 FMEA 的有效性，正确的做法是：FMEA 团队应当经常评审并根据需要更新 FMEA。当出现以下几种情况时，应当启动 FMEA 的评审和更新工作。

（1）当对产品或过程的要求有变更时

当客户、法律、标准或公司内部对产品或过程的要求有变更时，FMEA 团队应当评估这些变更是否会产生新的潜在故障模式。如果会产生新的潜在故障模式，FMEA 团队就应更新 FMEA，并将这些新的潜在故障模式纳入其中。

（2）当检测到新的故障模式时

在建立 FMEA 时，FMEA 团队应当识别所有可能发生于产品或过程的故障模式。但受团队成员知识和经验的限制，通常对故障的识别是不完全的，从而导致建立的 FMEA 并不能涵盖所有可能发生的故障模式。当在后续过程中（设计开发的验证和确认，量产过程中的检测，客户使用等）发现尚未在 FMEA 中识别的故障模式时，FMEA 团队应当及时更新 FMEA 以涵盖新的故障模式。

（3）当发现某个故障模式有新的产生原因时

在建立 FMEA 时，FMEA 团队应当针对每个故障模式识别其所有可能的产生原因，但受团队成员知识和经验的限制，导致在建立的 FMEA 中某些故障模式的产生原因未能全部识别。当在后续过程中出现产品或过程故障而进行故障分析时，如果发现新的故障产生原因，FMEA 团队就应更新 FMEA 以涵盖新的故障原因。

（4）当有新的客观信息可对 S、O 和 D 的打分进行评估时

在建立 FMEA 时，FMEA 团队往往缺乏客观数据，从而不得不基于主观猜测对 S、O 和 D 进行打分。例如，在初次制定某个过程 FMEA 时，并不一定有数据可以预期该过程会产生多少不良率。这些基于主观猜测的风险评估存在与实际不符的情况。因此，当收集到的客观数据可对 S、O 和 D 进行更准确的评估时，FMEA 团队应当重新评审 FMEA，若有需要则应修改 S、O 和 D 的评分。例如，当一条新的生产线进行试生产时，FMEA 团队可以根据试生产出现的不良率对该制造过程 FMEA 中 O 的打分重新进行评估，从而使其能够更准确地反映各个故障模式的实际发生率。

（5）当发现现有控制措施不够有效时

在建立的 FMEA 中，由于客观数据缺失，风险评估未必能够反映真实情况，现有控制措施的有效性也有待时间检验。当后续搜集到的客观数据表明现有控制措施不够有效时（S、O 和 D 中一项或多项的实际评分应当远高于目前 FMEA 中的评分），FMEA 团队应当针对该项故障模式提出新的预防和检测措施以应对风险，并及时更新 FMEA 涵盖这些新措施。

（6）当进行持续改进活动时

FMEA 需要进行评审和更新，并不只是因为在已经制定的 FMEA 中存在不完美的

情况。换言之，即使制定的 FMEA 是完美的，FMEA 团队仍需进行 FMEA 的评审和更新，这是基于持续改进原则进行的。持续改进是质量管理的重要原则之一，FMEA 团队应当基于该原则主动实施一些质量改善活动。FMEA 是确定改进项目的重要依据。当 FMEA 中所有的故障模式风险都已控制在可接受范围内时，FMEA 团队仍应定期评审 FMEA，从中挑出风险相对较高的故障模式并提出改善措施，进一步降低这些风险。FMEA 团队应将这些改善措施及其完成效果更新到 FMEA 中。

上述六种情况需要更新 FMEA。若具体到事件，则应在发生以下事件时考虑其是否符合上述六种情况，并由此决定是否需要更新 FMEA。

1）有新的客户要求。

2）发生客户投诉。

3）发生内部产品不合格。

4）发生内部过程异常。

5）搜集每月不合格产品数据后。

6）建立改善项目后。

对于一个经过彻底思考、周密组织开发的 FMEA，如果没有采取积极有效的预防措施，那么其价值是非常有限的。FMEA 团队应当确认建议的措施已被执行或评估。责任工程师可以采用多种方式来确保建议的措施得到实施，它们包括但不限于以下几种。

1）对设计、制程、图样进行评审，确保建议的措施得到实施。

2）确认各项变更已纳入设计、制程、组装文件中。

3）对设计 FMEA、过程 FMEA 的特殊应用及控制计划进行评审。

FMEA 团队需要确认一个可接受的 RPN 值范围。即使此时的 RPN 值较低，也并不意味着没有风险。良好的设计习惯是研究整体性设计，并可以降低 RPN 值。对于 RPN 值较高的故障模式，需要特别注意并提出具体建议。

FMEA 的内容是企业的经验积累，它可以重新用于企业未来的项目。因此，FMEA 应以电子文档或纸质文档形式存档。具体包括以下内容。

1）总结文件。

2）研究数据：功能技术任务书和编码，图样、草图及其编码。

3）功能分析：分析、评估整改方案。

4）统计图。

为保证建议的措施得到实施，应当评审这些方式，包括但不限于以下内容。

1）保证产品要求得到实现。

2）评审工程图样和产品规范。

3）确认这些已在装配/生产文件中得到反映。

4）评审控制计划和作业指导书。

FMEA 是一份动态文件（图 2-8），因而需要通过不断地修订体现其最新状况及最新活动，包括开始生产后才进行的活动。FMEA 团队可以进行 FMEA 修订（表 2-11）。

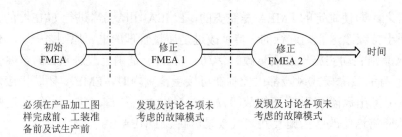

必须在产品加工图　　　发现及讨论各项未　　　发现及讨论各项未
样完成前、工装准　　　考虑的故障模式　　　考虑的故障模式
备前及试生产前

图 2-8　动态 FMEA

表 2-11　FMEA 修订表

类别:		责任者:		FMEA 编号:	
关键日期:		FMEA 日期:		页码:　第　页/ 共　页	
核心团队:					
编制者:		审核:		批准:	
制定、审核、批准人员姓名及各自的工作职责					
姓名		职责			签名
FMEA 修订记录					
页码	更改日期	旧版本号	新版本号	更改者	更改内容

复习与思考

1. FMEA 的应用情形有哪些？
2. FMEA 团队成员需要具备哪些基本条件？
3. FMEA 的基本思想是什么？
4. 如何计算故障模式的风险优先数？
5. 请尝试画出 FMEA 分析流程图。
6. 如何分析一个系统/产品的潜在故障模式？常见的故障分为几类？
7. 现行控制的种类有哪些？优先采用的控制措施是什么？
8. 当出现什么情况时需要启动 FMEA 的评审和更新？
9. 请尝试选择熟悉的产品进行 FMEA 分析。

第 3 章
系统 FMEA

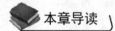 本章导读

　　系统 FMEA 是 FMEA 的初始阶段，通常包括概念设计、详细设计与开发、试验和评估等一系列步骤。这一阶段的设计工作是一个不断演化的过程，包括运用各种技术和方法来产生有效的系统输出。本章首先概述系统 FMEA 的基本理论，给出系统 FMEA 的定义，阐述系统 FMEA 的作用及其团队构成；其次，描述系统 FMEA 流程，包括确定系统单元与系统结构、绘制方块结构图、功能分析、故障分析、制定预防改进措施及填写系统 FMEA 表格；然后，明确系统 FMEA 表格编制的内容及规范；最后，通过深水防喷器控制系统的应用案例进一步阐述系统 FMEA 的实施过程。

3.1　系统 FMEA 概述

3.1.1　系统 FMEA 的定义

　　系统 FMEA（system FMEA，SFMEA）分析系统缺陷，关注系统作为一个整体存在时的独特功能和关联，进而在进入设计 FMEA 和过程 FMEA 之前就采取相应的预防改进措施来降低系统风险，从而降低系统故障发生率，提高系统的可靠性。

　　SFMEA 将研究的系统结构化并分成多个系统单元，以便说明各系统单元间的功能关系。SFMEA 能够从已描述的功能中发现每个系统单元的潜在缺陷，并确定不同系统单元功能故障间的逻辑关系，以便能够更准确地分析系统潜在的故障模式、故障原因和故障影响。

　　在进行 SFMEA 时，需要注意以下几点。

　　1）用系统相关性能参数来描述用户需求，并尽可能通过功能分析、优化、定义、试验及评估过程等将用户需求转化为具体的系统功能要求。

　　2）综合相关的系统功能及技术参数要求，保证所有功能及项目接口的兼容性，尽可能地优化整个系统。

　　3）在整个 SFMEA 中综合考虑可靠性、维修性、工程保障、人为因素、安全性、

结构完整性、可生产性及其他相关特性。

SFMEA 通常在 FMEA 开发的早期阶段开始实施，以便确定设计 FMEA 的主要约束条件。通常来说，在团队开始考虑确定某个具体原因时，不是即将终止系统项目，就是即将开始功能设计阶段。此时 SFMEA 将转入设计 FMEA。

3.1.2　系统 FMEA 的作用

SFMEA 对产品开发过程、策划过程展开综合评估，并按照系统、子系统、分系统这三个不同层次展开，自上而下逐级分析，更注重整体性和逻辑性。SFMEA 的作用主要有以下三点。

1）识别潜在系统故障及故障与其他系统或子系统的相互作用。

2）辅助选择系统改进最佳方案并确定系统级诊断方案。

3）缩短开发过程，降低研制费用和系统维护费用。

3.1.3　系统 FMEA 团队构成

所有的 SFMEA 项目均须建立在团队基础上，团队分为核心团队和扩展团队。核心团队需要始终参加 SFMEA 会议，是 SFMEA 信息的主要输入者；扩展团队根据需要参加会议。

SFMEA 团队一般由 5～7 人组成。团队成员应当具有跨学科或跨部门背景，可以利用多人的知识和经验促进跨部门的联系与合作，并提高 SFMEA 结果的认可度。一个合格的 SFMEA 团队由核心团队成员及扩展团队成员构成。核心团队成员应当承担日常职责，参与 SFMEA 的准备（限定题目、定义交接点、组建工作组），并及时组织 SFMEA 会议讨论；扩展团队成员可以根据需要参加 SFMEA 会议。

3.2　系统 FMEA 流程

3.2.1　确定系统单元与系统结构

利用系统单元描述系统结构是系统功能分析的基础。系统的层次结构为自上而下，从系统顶层开始描述不同的结构层次，进而描述每个系统单元与其他系统单元之间的相互联系。此外，每个系统单元的结构都是独立的。

3.2.2　绘制方块结构图

方块结构图能够反映产品各部件之间的物理关系和逻辑关系，是一种能够表达系统功能、输入、输出、规范及客户需求关系的框图。方块结构图可以标识各部件之间的相互依赖关系。例如，物理连接、材料交换、能量传递和数据交换，以及显示输入和输出。此外，在方块结构图中应有足够的细节来直观定义分析范围，以便团队能将分析控制在适当范围内。对于 SFMEA，方块结构图应该确定分析范围内的各部件和子系统的交互，以及与产品客户、制造商、服务商、运输等之间的接口。

方块结构图由线连接方框构成，每个方框对应产品的一个重要部件。这些线连接相关的部件及接口。同时，为确定产品部件之间的物理关系和逻辑关系，还可以在方块结构图上绘制边界。边界应该包含外部影响和系统交互作用。绘制方块结构图的具体步骤如下。

步骤 1：描述部件及其特征。

给部件及其特征命名有助于团队内部保持描述的一致性，特别是当部件的一些特征有不同名称时尤为必要。同时，在描述部件及其特征时应当包括所有的系统部件和接口部件。

步骤 2：调整方块位置以显示相互间的联系。

绘制方块结构图时，用实线表示直接接触；用虚线表示间接接口，即间隙或相对运动；用箭头表示方向，并标识所有的能量流/信号或力传递。

步骤 3：描述连接。

应当考虑各种类型的接口，包括物理连接（焊接、螺栓紧固、夹紧等）、能量传递（转矩、热量等）、信息传递（电子控制单元、传感器、信号等）及物料交换（冷却液、废气等）。

步骤 4：增加接口系统和输入。

增加相邻系统，包括那些物理上与分析的系统不接触，但可能会与分析的系统有交互作用且需要间隙、涉及运动或热辐射的系统。此外，还须注意输入客户/最终用户。

步骤 5：确定边界。

边界内只包含分析范围内的零件。可对方块结构图中的方块做特殊标记，以便显示分析范围之外的零件。

步骤 6：增加相关细节以便确定图标。

必要时，可以使用不同颜色或不同的线型来识别不同类型的交互作用，也可增加系统、项目和团队名称及日期和修改等级等。

图 3-1 所示为汽车前风窗玻璃方块结构图。除方块结构图外，还可采用结构树法对

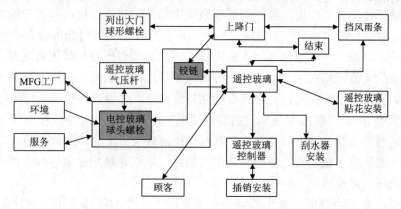

图 3-1　汽车前风窗玻璃方块结构图

系统元素分层排列，并通过结构连接说明它们之间的关系。需要注意的是，为了保证整个系统结构树的层级结构清晰并防止冗余，每个系统部件只能出现一次，而且每个系统元素下的结构都是独立的。与方块结构图相比，结构树法有时很难清楚地表达各部件间的联系，此处不做赘述。

3.2.3 功能分析

功能是指系统设计意图或工程要求。功能分析通常按照给定的性能指标要求进行。系统功能分析可分为以下三个步骤。

步骤 1：建立部件模型，描述系统组成及各部件的层次。

建立部件模型的原则：在特定的条件下分析具体的技术系统；根据技术系统部件的层次建立部件模型；根据层次等级建立初始的部件模型，然后进一步分析完善部件模型。针对技术系统生命周期的各个阶段，可以建立独立的、不同的部件模型。

步骤 2：建立结构模型，描述部件之间的相互作用关系。

结构模型是基于部件的模型，用来描述部件模型中各部件之间的相互作用关系。

步骤 3：建立功能模型，采用规范化的功能描述来揭示整个技术系统所有部件之间的相互作用关系，并形成系统功能模型图。

在进行功能分析时，可用 P-图或者功能树/矩阵来描述多个系统单元对某一输出功能的共同作用。需要注意的是，系统 FMEA 先于设计 FMEA 和过程 FMEA 进行，通常无须展开详细的功能分析。详细的功能分析可在设计 FMEA 阶段和过程 FMEA 阶段展开。

3.2.4 故障分析

系统故障分析的主要目的是确定故障模式、故障原因和故障影响，并揭示它们之间的关系，以便进行风险评估，进而对系统进行优化改进以降低系统风险。

（1）确定故障模式

在 SFMEA 中，故障模式可能由一个或多个单独部件引起，也可能由以下因素引起：部件与其他部件的相互作用；部件与其他系统中部件的相互作用；与用户的相互作用。

因此，SFMEA 的主要作用是确定系统与部件交互作用所引起的潜在故障模式。需要注意的是，这些交互作用也包括人的因素，因此必须对所有可能因素展开全面评估。

识别系统级故障模式可从以下几个方面入手：总体要求的正确性、全面性；对产品任务剖面认知的符合性（飞行时序的正确性与协调性，环境条件量级、持续时间与实际的符合程度等）；系统级内部各单元的协调性及响应耦合性；对特殊环境（气动加热、发动机高速燃气流等）防护的完备性；具有动作部件（火工元件爆炸、分离等）工作时对其他部件的影响；电、气、液路系统潜在通路；电气系统电磁兼容性方面的问题。

（2）分析故障原因

故障原因是指系统单元发生故障的可能原因。一个故障模式可以对应很多故障原因，因此应当尽量列出所有可能原因。在 SFMEA 中，确定的故障原因越多，DFMEA 就会越容易。系统故障原因包括间歇性操作、软件运行错误、不能停止、输出退化、不能开始等。

在 SFMEA 中，故障原因有时并不明显。故障原因分类及其应对机制见表 3-1。

表 3-1 故障原因分类及其应对机制

故障原因分类	应对机制
具体原因客观存在但不可知	若检测机制足够完善，则可检测到故障模式，但须采取设计措施排除故障原因或进一步分析，以便更准确地确定故障原因
	若检测机制无效，则不会检测到故障模式，建议增加检测样本量或研究新的检测试验技术
具体原因客观存在但不可检测	验证/检测技术有效，建议增加样本量
	验证/检测技术无效，建议研究一种新的验证/检测技术，或对现有的验证/检测技术进行修正
具体原因客观存在并可检测	可以检测到原因，要求进一步分析或试验以确定相应措施来消除故障的根本原因
	可能存在设计问题或试验不够充分，不能检测到原因。建议运用实验设计法对已存在的试验进行评审

（3）分析故障影响

故障影响是系统单元故障对系统本身、产品、用户及政府法规等造成的影响。为了确定故障影响，分析人员要评审保证书、用户的意见（投诉）、外场服务数据及可靠性数据等文档。电机故障影响表见表 3-2。

表 3-2 电机故障影响表

对象	故障影响
高层次系统的影响	工作电路继电器故障
低层次系统的影响	无
其他系统的影响	无
产品	电机过热
用户	完全不满意；系统工作故障
政府	可能没有执行某标准

（4）列出现有预防控制措施

SFMEA 中包括预防控制措施和检测控制措施。

1）预防控制措施。对于 SFMEA，预防控制措施描述了如何基于当前措施或计划措施防止系统单元中故障模式的发生。预防控制措施能够有效地减少问题发生的可能性。例如，通过系统检测管理故障（轮胎压力监控等）通常被认为是一种预防控制措施。

2）检测控制措施。检测控制措施描述了系统在发布到生产之前，SFMEA 团队如何基于当前操作或计划操作检测系统的故障模式或故障原因，并将其用作检测等级的输入。检测控制措施能够增加问题到达最终用户之前被检测到的可能性。

（5）计算风险优先数

风险优先数（RPN）是将发生度（O）、严重度（S）、检测度（D）相乘计算得到的数值。发生度是与系统生命周期内某已知的故障原因引发故障的估计次数相对应的等级数值。发生度可用期望频率描述，即在系统部件生命周期内每 100 个或 1000 个部件中的累积故障数（cumulative number of failures，CNF）。严重度表示系统故障模式的严重性，需要从系统自身、其他系统、产品、用户等角度来评估。检测度是在系统部件开始设计之前，通过系统控制可以检测到某故障模式的某个原因存在可能性的比率。SFMEA

常用的发生度、严重度和检测度评分准则见表 3-3～表 3-5。

表 3-3　SFMEA 发生度评分准则

发生度	描述	CNF/1000	评分
必然发生	必然发生故障, 不可避免	>316	10
极高	故障发生的可能性极高	316	9
非常高	故障发生的可能性非常高	134	8
高	故障发生的可能性高	46	7
中等	故障发生的可能性中等	12.4	6
	以前偶尔会遇到故障或失控情况	2.7	5
低	故障发生的可能性低	0.46	4
非常低	故障发生的可能性非常低	0.0063	3
极低	故障发生的可能性极低	0.0068	2
几乎不发生	几乎不可能发生故障, 没有已知的失败记录	<0.00058	1

表 3-4　SFMEA 严重度评分准则

严重度	描述	评分
极高	极严重影响, 与安全性相关, 可能危及机器或操作员安全, 无危险预警	10
	有潜在危害影响, 可能危及机器或操作员安全, 有危险警告	9
高	对生产线造成重大破坏, 产品失去主要功能, 100%报废, 客户非常不满意	8
	产品性能受到严重影响, 需要回收报废, 客户感觉不满意	7
中等	产品性能下降, 仍可工作, 客户感觉不舒适	6
	客户感觉有些不满意, 对产品或系统性能有中等影响	5
	大多数客户注意到较小缺陷, 对产品或系统性能有较小影响	4
低	一些客户注意到轻微缺陷, 对产品或系统性能有轻微影响	3
	对产品或系统性能有非常轻微的影响	2
无	没有影响	1

表 3-5　SFMEA 检测度评分准则

检测可能性	描述	评分
几乎不可能	没有已知的技术可用	10
低	仅有不可验证的或不可靠的技术可用	9
	对安装系统部件的原型产品进行耐久性试验	8
中等	对安装系统部件的原型产品进行试验	7
	对相似系统部件进行试验	6
	对系统部件的样机进行试验	5
高	对系统部件的早期原型进行试验	4
	早期阶段仿真和建模	3
非常高	可在早期设计阶段通过计算机分析进行验证	2
	概念阶段验证检测方法可用	1

上述三个风险因子的范围均为 1~10，其中 10 代表对应的故障模式风险最高。RPN值的范围为 1~1000。RPN 值越高，其对应的故障模式风险越高。因此，需要改进故障模式，并进行后续的优化工作。

3.2.5 制定预防改进措施

由风险分析可知，若故障模式风险较高，则 SFMEA 团队需要实施预防改进措施以降低系统风险。在预防改进措施的实施步骤中，首先需要仔细审视所分析的故障链及当前措施，然后基于三个风险因子策划、评估进一步的预防和检测措施以降低系统风险，优化改进系统单元。

3.2.6 填写系统 FMEA 表格

经过前述五个步骤，SFMEA 基本完成，此时可以开始填写 SFMEA 表格。

3.3 系统 FMEA 表格编制

SFMEA 表格没有完全统一的标准格式，各企业可以根据自身需要对表格进行设计和修改。较为通用的 SFMEA 表格见表 3-6。其中，①~⑩项是 SFMEA 的介绍部分，包括用户可能需要的基本信息；⑪~㉔项是表格的主体部分，也是必需项。表中的部分项目已在上一节中详细介绍，在此只作简单描述。

表 3-6　SFMEA 表格

系统名称/编号: _____　　责任部门: _____　　修订日期: _____

零件名称/编号: _____　　责任人: _____　　编制者: _____

产品型号: _____　　发布日期: _____　　实施日期: _____

SFMEA 团队: _____

系统功能	故障模式	故障原因	O	故障影响	分类	S	检测方法	D	RPN	建议措施	责任人/完成日期	实施措施结果				
												纠正措施	O	S	D	RPN

① 系统名称/编号：确定系统的名称或编号，以便后续归类查询。

② 零件名称/编号：确定零件的名称或编号，以便后续归类查询。

③ 产品型号：填写产品的型号，以便后续归类查询。

④ 责任部门：填写公司负责进行 SFMEA 工作的部门名称。

⑤ 责任人：填写 SFMEA 团队的负责人，这样方便将责任追溯到个人。

⑥ 发布日期：确定系统说明书中预定发布的日期。

⑦ 修订日期：记录完成最后一次修订 SFMEA 工作的日期。

⑧ 编制者：记录编写 SFMEA 表格的人员。

⑨ 实施日期：记录开始实施 SFMEA 的日期。

⑩ SFMEA 团队：记录负责 SFMEA 工作的团队成员。有时也记录一些附加信息，如团队成员所属部门、联系电话及地址等。

⑪ 系统功能：系统工程师填写系统设计意图、目的及目标等。系统功能通常都是根据客户的需求和期望来制定的。概括来讲，系统功能应当包括安全需求、官方标准及其他确定的企业内外部约束。

SFMEA 团队应用方块结构图确定系统功能。为保证系统功能设计的有效性，需要对系统功能展开详细说明，并保证语言简洁、准确且易于理解。

⑫ 故障模式：是故障的表现形式。要求分析人员在 SFMEA 表中列出分析对象可能发生的故障模式，即考虑系统功能衰退或丧失等情况。

⑬ 故障原因：是导致故障模式的系统设计缺陷。在分析故障原因时，要考虑两类故障：第 I 类故障与指定故障相关；第 II 类故障与可靠性浴盆曲线相关，分为早期故障、偶然故障和耗损故障。早期故障包括筛选不充分、调试不充分、零件不合格、人为错误、安装错误等。偶然故障包括误用、滥用、不可抗力、设计不充分等。耗损故障包括腐蚀、老化、磨损、疲劳、短寿命设计、蠕变等。对这些故障模式的解释说明分别如图 3-2～图 3-4 所示。

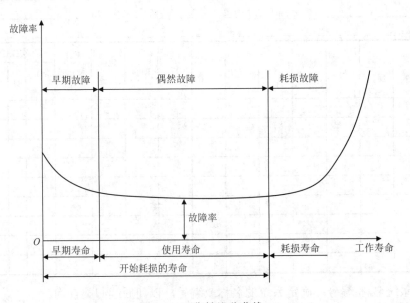

图 3-2 可靠性浴盆曲线

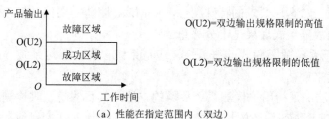

（a）性能在指定范围内（双边）

（b）性能低于指定的规格限制的高值（单边高）

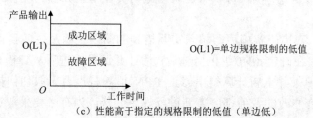

（c）性能高于指定的规格限制的低值（单边低）

图 3-3　非故障性功能示例

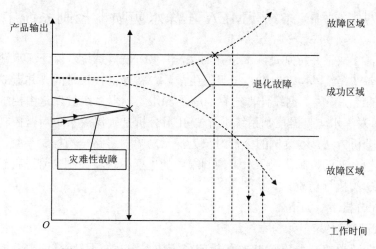

图 3-4　灾难性故障和退化故障及其对输出的影响

为了更好地确定故障原因，分析人员要了解系统并提出相关问题。例如，可以采用集体讨论、因果分析法、方块图分析及分类图等方法协助查找故障原因。

⑭　O：是与系统生命周期内某已知故障原因引发故障的估计次数相对应的等级数值。

⑮　故障影响：是系统故障模式的后果。此处需要确定系统功能丧失的关联影响，即系统功能丧失对系统自身、其他系统、产品及用户的影响。

⑯　分类：是指与故障模式对应的系统特性的分类。如果是系统的特殊特性，就要

用特殊符号标记。对客户要求的特殊特性，SFMEA 团队需要优先考虑。一般来说，特殊特性所导致的故障模式后果是十分严重的。

⑰ S：表示系统故障模式的严重性，应从系统自身、其他系统、产品、用户以及官方标准的角度来评估。

⑱ 检测方法：是指用来检测系统故障的方法，其目的是及时检测系统缺陷。

⑲ D：是在系统部件开始设计之前，通过系统控制可以检测到某故障模式的某个原因存在可能性的比率。

⑳ RPN：是发生度（O）、严重度（S）与检测度（D）的乘积，即 RPN=S×O×D。

㉑ 建议措施：实施 SFMEA，首先需要消除系统缺陷，进而消除故障。因此，应当首先针对高严重度、高 RPN 值和团队指定的具体故障模式采取预防或纠正措施。此外，任何建议措施都要按照严重度、发生度和检测度的顺序降低故障模式的风险等级。

㉒ 责任人/完成日期：填入每一项建议措施的责任单位名称和责任人姓名及项目完成日期。

㉓ 纠正措施：在措施实施后，填入实际措施的简要说明及生效日期。

㉔ 修正 RPN：在确定预防/纠正措施后，估计并记录改进后故障模式的发生度、严重度和检测度的数值，并重新计算得出修正 RPN 值。若没有采取任何措施，则相关栏保持空白即可。所有修改的数值都应重新进行评审，若认为有必要采取进一步措施，则应重复该项分析。

3.4　应用案例：系统 FMEA 在深水防喷器控制系统中的应用

对于海洋浮式钻井特别是深水钻井而言，深水防喷器系统是保证深水钻井作业安全最关键的设备（赵红 等，2012），一旦发生故障，将停机较长时间，并造成平均每次约 100 万美元的经济损失。据统计，约有 50%的深水防喷器系统故障是由控制系统故障引起的。因此，对深水防喷器控制系统进行 FMEA 分析是确保深水防喷器控制系统功能的一种可靠的分析方法。本案例的分析对象为深水防喷器多路电液控制系统，控制台通过一根光缆传输全部的控制信号。水下控制箱内的电子模块将控制信号进行解码，从而控制相应的电磁阀执行功能。

SFMEA 分析步骤如下。

步骤 1：确定系统单元与系统结构。

将深水防喷器控制系统 FMEA 分析的系统边界定义如下：所需的电液控制系统能够实现防喷器系统的功能，但不包括传递液压供给到水下单元。黄盒、蓝盒为水下复合单元，互为冗余的两套电子设备用来控制电磁阀、控制阀的位置；调制解调器和多元电缆用来将电信号从水上传输到水下控制盒；中央控制装置；司钻控制面板、液压动力单元、蓄能器单元；不间断电力供应，深水防喷器控制系统采用独立电源供应。

步骤 2：绘制方块结构图。

在对控制系统实施 FMEA 分析时应当明确分析对象，即明确约定层次的定义。对深水防喷器系统最低约定层次划分依据规定如下：可以保证深水防喷器控制系统每一个分析对象都有完整的输入,保证其功能完整性;能够导致严重度为二级或者发生频率为二级故障的部件所在的层次;根据子系统的重要性差别,系统的最低约定层次可以不统一。

根据深水防喷器控制系统的结构特点及控制方式,将其按照结构功能进行系统层次划分。图 3-5 所示为深水防喷器控制系统的方块结构图。

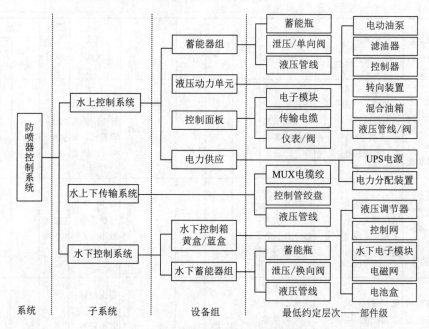

图 3-5 深水防喷器控制系统的方块结构图

步骤 3:功能分析。

由于系统 FMEA 先于设计 FMEA 和过程 FMEA 进行,此处不对深水防喷器控制系统展开功能分析,直接进入下一步骤。

步骤 4:故障分析。

对于深水防喷器控制系统,故障判据的制定依据如下:只有在运行前防喷器组的测试期间、防喷器运行期间、防喷器安装在井口时发现的与控制系统有关的故障才算作控制系统故障;可能导致防喷器控制系统功能全部、部分丧失,带来停机时间损失、经济损失及正常作业延迟的控制系统部件故障形式;尽可能列出深水防喷器控制系统中关键部件的所有可能故障模式,包括但并不限于已发生的故障。

步骤 5:制定预防改进措施。

在实施 SFMEA 过程中,应对实施过程及时跟踪进展情况,并记录相关信息。在 SFMEA 实施完成后,应当分析采取措施后的故障模式情况,并重新对严重度、发生度、检测度及 RPN 值进行评估,检验项目实施效果。对仍没有达到要求的项目继续实施预防改进措施,不断进行改进。

步骤 6:填写 SFMEA 表格。

在 SFMEA 各个流程实施完成后,可以填写深水防喷器系统 SFMEA 表格(表 3-7)。

表 3-7 深水防喷器系统 SFMEA 表格

系统名称/编号：___防喷器系统___　　责任部门：___质量部门___　　修订日期：___2020/9/20___
零件名称/编号：___水下主控子系统___　　责任人：___张三___　　编制者：___张三___
产品型号：___/___　　发布日期：___2020/9/30___　　实施日期：___2020/9/20___
SFMEA 团队：___张三、李四、王五、赵六___

系统功能	潜在故障模式	故障原因	O	故障影响	分类	S	检测方法	D	RPN	建议措施	责任人/完成日期	实施措施结果			
												纠正措施	O	S	D	RPN
水下主控系统	黄盒或蓝盒之一不能激活自身功能	盒内液压模块故障；环形调节器故障；电子模块故障；电池盒电量供应故障	3	影响先导信号传递，延误或无法实现防喷器动作，严重时导致井喷		7		7	147	启用另一个控制盒，提出控制盒检修，做好日常功能监测	2020/9/20					
	黄盒、蓝盒均不能激活自身功能	黄盒、蓝盒内液压模块、电子模块、电池盒均发生故障	2	电控信号无法转换，无法实现防喷器动作，在严重情况下井喷		8		7	112	启用应急控制措施，取出控制盒维修	2020/9/20					
	黄盒和蓝盒无液压动力供给	蓄能器区域泄漏；液压供应管线泄漏；换向阀泄漏	4	控制盒无液压油，无法实现防喷器开关功能，严重时会导致井喷		6		3	72	提出检修；增加系统冗余设置；安装监测装置	2020/9/20					
盒内电磁阀	接线头脱落、线圈烧坏	电磁阀通电不工作	2	黄盒、蓝盒功能故障，无法发出防喷器动作指令		8		6	96	启动备用控制箱；及时更换电磁阀	2020/9/20					
	电磁阀卡住	电磁阀不能关闭	2	黄盒、蓝盒功能故障，无法发出防喷器动作指令		8		6	96	及时更换，功能测试	2020/9/20					
	泄漏	电磁阀动作延迟或无动作	3	停机一定时间，甚至使黄盒、蓝盒不工作		7		5	105	及时更换，功能测试						
盒内SPM阀、表面控制阀	故障关闭	阻断液压油供应给黄盒、蓝盒	2	黄盒、蓝盒自身功能失败		6		5	60	启动备用系统；维修更换故障阀件						
	故障打开	持续供应液压油	2	误触发黄盒、蓝盒功能		6		5	60	启动备用系统；维修更换故障阀件						

续表

系统功能	潜在故障模式	故障原因	O	故障影响	分类	S	检测方法	D	RPN	建议措施	责任人/完成日期	实施措施结果 纠正措施	O	S	D	RPN
	泄漏	黄盒、蓝盒内液压不足	3	造成一定停机时间，甚至不能触发黄盒、蓝盒功能		7		4	84	启动备用系统；维修更换故障阀件						
盒内控制液管线	破裂	控制箱液压模块无法正常工作	3	黄盒、蓝盒自身功能不能实现		7		5	105	进行管线维修更换，定期测试检修						
盒内环形调节器	本身功能故障	无法进行控制液压力调节	2	防喷器无法开关，严重时会导致井喷		7		7	98	进行管线维修更换，定期测试检修						
盒内电子模块	调制解调器故障	电子模块无法对电信号解码	2	控制箱无响应		8		7	112	提出维修，选择可靠性高的电液控制元件						
	触发板故障	无法接受控制信号	2	控制箱无响应		8		7	112	提出维修，选择可靠性高的电液控制元件						
盒内电池	电量不足	无足够电量提供给黄盒、蓝盒	4	黄盒、蓝盒自身功能无法实现		5		4	80	定期检修测试，补充电量						
	电池盒泄漏	不能提供电力	3	黄盒、蓝盒自身功能无法实现		6		5	90	提出检修						
蓄能器换向阀	严重泄漏	液压油漏失	3	黄盒、蓝盒液压动力供应不足		6		4	72	启动备用系统；提出检修，定期压力测试						
	开关故障	无液压油供给	3	黄盒、蓝盒液压动力供应不足		7		2	42	启动备用系统；提出检修，定期压力测试						
液压阀	泄漏	液压油漏失	3	黄盒、蓝盒响应延迟或无响应		6		4	72	更换阀件，加强定期测试、检测						
	开关失败	液压油漏失	3	黄盒、蓝盒响应延迟或无响应		7		2	42	更换阀件，加强定期测试、检测						

复习与思考

1. 什么是 SFMEA？SFMEA 工作何时开始？
2. SFMEA 的主要作用有哪些？
3. SFMEA 团队中通常包括哪些成员？
4. SFMEA 流程由哪几个步骤构成？
5. 方块结构图包括哪些步骤？
6. SFMEA 如何展开功能分析？
7. 应用 SFMEA 方法进行实际案例分析。

第 4 章
设计 FMEA

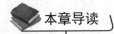 **本章导读**

设计 FMEA 是 FMEA 的重要环节，在过程 FMEA 之前进行。经设计 FMEA 分析得出的预防改进措施可用于建议设计变更、附加测试等，以便降低故障风险或提高生产设计交付之前故障检测能力。本章首先概述设计 FMEA 的基本理论，给出设计 FMEA 的定义，阐述设计 FMEA 的作用及设计 FMEA 团队构成；其次，描述设计 FMEA 流程，包括确定用户、确定用户需求、确定分析层级、绘制方块结构图、功能分析、故障分析、制定预防改进措施及填写设计 FMEA 表格；然后，明确设计 FMEA 表格编制的内容及规范；最后，通过电动汽车增程器设计应用案例进一步阐述设计 FMEA 的实施过程。

4.1　设计 FMEA 概述

4.1.1　设计 FMEA 的定义

设计 FMEA（design FMEA，DFMEA）分析产品、部件及接口在产品设计过程中可能发生的潜在故障，进而在设计发布前就策划和执行优化改进措施以降低产品故障发生率，提高产品的可靠性。

DFMEA 不仅记录过去发生的设计问题，还包含更多对未来可能发生问题的探讨。总的来说，DFMEA 是一种事前行为，它贯穿设计工作的整个过程。DFMEA 应在设计概念形成之时或之前开始，并在开发工作的各个阶段根据设计更改、新技术应用及其他相关信息进行修改，直至产品设计图样发布。因此，在实际运用 DFMEA 时，工程师应当与客户充分沟通，尽可能地保证各方意见在产品投入生产阶段之前达成一致。此时对设计的修正和更改都相对容易，一旦错过这一时机再去变更或修改，所涉及的人和事项等都会变得十分复杂。

DFMEA 的分析范围包括每个产品，每个与产品相关的部件、子部件及相邻部件之间的接口。在 DFMEA 评估前，通常假设产品、部件及接口完全按照设计规范制造生产。在进行评估时，应该侧重评估与设计有关的缺陷，确保产品、部件及接口在生命周期内安全可靠运行。具体来说，如果 DFMEA 是由新设计触发的，那么分析范围应是这些新设计的全部组成部分；如果 DFMEA 是由设计变更触发的，那么分析范围应是设计本身的变化及由这些变化影响的其他设计；如果 DFMEA 是由设计问题触发的，那么分析范围应是这个设计问题本身及其引起的设计变更。

DFMEA 可用于评估产品各类故障风险，在展开故障分析后，可以进一步对其初步设计展开相应更改、附加测试及其他相关措施，这些措施可以有效降低潜在故障风险或增强设计交付生产之前的检测能力。DFMEA 的角色如图 4-1 所示。

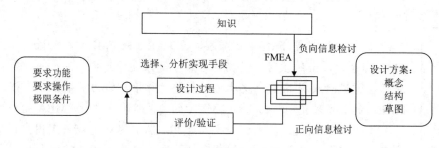

图 4-1　DFMEA 的角色

4.1.2　设计 FMEA 的作用

设计故障不仅会导致产品发生问题，也会对生产和服务产生困扰。DFMEA 作为预防以上问题的一种方法，它的作用主要有以下三点。

1）为制定或修改产品设计的特殊特性清单提供依据。

2）为制定全面、有效的设计试验计划和质量控制方案提供更多信息。

3）根据对客户的影响计算故障模式风险大小，并据此建立改进设计和开发试验的优先控制系统。

4.1.3　设计 FMEA 团队构成

所有的 DFMEA 项目均须建立在团队基础上，团队分为核心团队和扩展团队。核心团队成员需要始终参加 DFMEA 会议，是 DFMEA 信息的主要输入者；扩展团队成员根据需要参加会议。

核心团队成员一般包括主持人、项目经理、设计工程师和设计质量工程师。整个核心团队在主持人的带领下，通过主持人的提问和团队成员的回答及讨论展开 DFMEA 工作。项目经理总体负责整个项目工作，其中也包括 DFMEA。设计工程师是设计的负责人，他们理解设计意图及其实现方法，是 DFMEA 会议过程中技术信息的主要提供者。设计质量工程师的职责是设计质量管理，在 DFMEA 过程中，他们关注质量策划、质量保证和质量控制的方法和效果。

过程工程师和过程质量工程师是 DFMEA 扩展团队成员，当 DFMEA 团队讨论的主题和生产相关时，需要邀请他们提出生产对设计的要求及限制，从而实现可生产和可测试的要求，避免将来发生额外的生产成本和设计变更。

每个 DFMEA 团队在不同阶段都有其各自的负责人。在项目阶段，DFMEA 的负责人由项目经理担当；当项目结束后，DFMEA 的负责人转由设计工程师担当。DFMEA 负责人不仅负责准备 DFMEA 的内容，还要管理 DFMEA 的整个过程，包括组建 DFMEA 团队、邀请团队成员参加 DFMEA 会议、保证 DFMEA 按时按质完成、验证 DFMEA 内容、追踪 DFMEA 定义的优化改进措施、实现结果文件化等。

4.2 设计 FMEA 流程

DFMEA 是在最初生产阶段之前，确定潜在的或已知的故障模式，并提供进一步纠正措施的一种规范化分析方法，其具体流程详述如下。

4.2.1 确定用户

在 DFMEA 分析阶段，明确用户的定义并了解用户的期望，不仅可以帮助团队确定设计功能、要求和规格，还有助于确定相关故障模式的影响。产品、部件及接口设计的用户可分为以下两种类型。

1）外部用户是产品、部件及接口的最终使用者，即在产品、部件及接口充分开发和销售后使用是该产品、部件及接口的个人。

2）内部用户在加工制造装配中既可以是产品、部件及接口的临时用户（下一个更高级别的装配等），也可以是流程用户（后续的制造作业等）。

4.2.2 确定用户需求

在 DFMEA 的最初阶段就应明确产品的设计规范，一般包括以下内容：①设计的范围。②可采用的文档：标准，安全和保证文档，先前已有产品或相似产品的文档；③一般信息：产品功能，对用户对象的理解，用户的期望，对用户使用和误用的理解；④要求：设计要求、维修性考虑、费用目标、设计备选方案和关键系统；⑤产品保证：文档化的要求，试验和检查的要求，包装和搬运的要求。

此外，在明确产品设计规范的同时，DFMEA 团队应与客户共同确定产品的特殊特性清单。特殊特性是指可能影响产品安全或法规符合性、配合、功能、性能或产品后续生产过程的产品特性或制造过程参数。通常，当产品报价环节结束时，产品特殊特性清单也基本形成。

一个产品一般有多个特殊特性。特殊特性主要由三部分构成：①法规要求，如禁用物质要求、行业特殊作业安全要求；②客户指定，如阻燃等级、气味性等级及一些特殊的性能要求；③自我识别，如与客户相关的一些安装结构尺寸及一些需要重点关注的其他产品特性等。在编制 DFMEA 表格时，产品的特殊特性可用特殊符号在表格中标注。

产品特殊特性和 DFMEA 的关系。产品特殊特性首选需要从产品特性分解到相应零部件的设计上，并制定相应的检测预防措施，再落实到具体结构的具体尺寸上。它侧重从零部件设计环节这个源头对产品特殊特性进行管控。同时，在 DFMEA 表格中还对产品特殊特性做出标注，以便后续的设计审查、制造组装和原材料检验。

对于产品的其他功能特性，DFMEA 团队同样必须根据用户的需求及期望来确定具体要求。总体来说，确定用户需求是 DFMEA 的最初阶段。这一阶段的主要目标是优化系统的质量、可靠性、维修性及费用，而非考虑实施某个具体层次的 FMEA。

4.2.3 确定分析层级

DFMEA 团队在工作时必须约定最终分析涉及的层级范围，这样可以避免太多繁杂冗余的工作。DFMEA 分析的产品、部件及接口可以逐层分解，直至分解到最基本的零部件。DFMEA 团队应当讨论并记录与其他部件、子系统或系统的接口。这些既包括传输信号、液体或电源所需的物理接口，也包括可能影响产品功能的非物理相互作用，如高强度辐射频率等。系统是 DFMEA 最终影响的对象，但零件决定了 DFMEA 工作深入、细致的程度。因此，DFMEA 层级顺序展开越多，分析过程就越完整。对于那些已经非常成熟的产品，可以展开较少的分析层级；反之，则可划分更细致的分析层级。合理的分析层级能让 DFMEA 团队分析故障模式的最终影响及根本原因。一般来说，最后对产品、部件及接口产生的影响就是最终影响；当能够提出有效对策直接对某一层级进行故障消除时，则可将其定义为根本原因。

4.2.4 绘制方块结构图

方块结构图是一种能够表达系统功能、输入、输出、规范及客户需求关系的框图。它能够标识各部件之间的相互依赖关系。方块结构图在 DFMEA 准备阶段使用，但在最终的 DFMEA 文件中也必须引用方块结构图。关于方块结构图的详细介绍可参阅 3.2.2。

4.2.5 功能分析

功能分析确定了结构元素需要实现的功能和要求以及它们之间的因果关系。功能分析作为故障分析的基础，若其有遗漏或错误，则接下来的分析也将出现缺失或偏差。因此，适当的功能分析非常重要。

功能是指设计意图或工程要求。功能分析通常按照给定的性能指标要求进行，包括需求功能分析与技术功能分析。

1）需求功能分析：定义一个系统所需满足的所有要求，包括客户和用户的期望（服务功能和标准值）；与研究系统整个生命周期相关的其他条件（含停机状态约束）；在完成需求功能分析后，将其结果汇总于功能技术任务书中。

2）技术功能分析：分析技术方案如何满足功能技术任务书中提出的要求。

在进行功能分析时，可以用 P-图或者功能树/矩阵来描述多个系统单元对某一输出功能的共同作用。P-图又称参数图，最初由 M.S.帕德克（M. S. Phadke）提出。P-图是帮助 DFMEA 团队理解与设计功能相关的物理现象的结构工具。团队分析影响性能的受控因素和不受控因素（噪声因素）的设计输入（信号）和输出（反映或功能）。产品的输入和输出即产品的预期功能，有助于识别错误情形、噪声因素和控制因素。图 4-2 所示为 P-图相关概念。

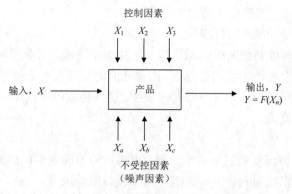

图 4-2　P-图概念图

P-图的相关定义描述如下。

1）输入。输入是指为取得期望结果而输入的内容，是对实现系统功能所需信息源的描述。

2）功能。功能总结了研究对象要做的事情。功能着眼于动作，因此描述一个功能须以动词开头，后面跟着表示受动对象的名词。例如，刮水器电子控制单元的功能之一是"发出信号启动刮水器电动机"。

3）功能要求。功能要求是指实现功能所需的要求，与功能的性能相关。功能要求的识别不仅限定了功能，也限定了设计，同时也为故障识别建立了基础。

4）控制因素。控制因素是指为达到期望效果所做的调整，以使设计对噪声更不敏感。信号因素是控制因素的一种，它是由系统用户直接或间接设置的调整因素，可以适当地改变系统响应。只有动态系统才能利用信号因素，没有信号因素的系统称为静态系统。

5）非功能性要求。非功能性要求是指除功能性要求外的要求，可以限制设计选择。

6）预期输出。预期输出是指希望从系统中获得的输出。它是理想的、预期的功能输出，其量级可能会（动态系统）或可能不会（静态系统）与信号因素呈线性比例关系（前照灯的近光启动、制动踏板移动导致的制动距离）。

7）非预期输出。非预期输出是指不希望从系统中获得的输出，如故障行为或意外的系统输出；非预期输出使系统性能偏离理想的预期功能。例如，与制动系统相关的能量理想地转化为摩擦。热量、噪声和振动是制动能量的非预期输出。转向输出可能会对热辐射、振动、电阻、流量限制造成损失。

8）噪声因素。噪声因素是指妨碍获得期望输出的因素，是表示系统响潜在的显著变化源的参数，从工程师的角度来看，这些参数无法控制或难以控制。噪声以物理单位描述。噪声因素主要包括以下五类：①个体差异（在生产过程中存在干扰因素影响，产品及其零部件存在不可控波动）；②时间变化（产品或其零部件随着时间流逝而发生功能退化）；③用户使用情况（用户可能会错装或误用产品）；④外部环境（产品处于不同的温湿度、振动、灰尘等环境之中）；⑤系统间交互（产品和其他系统之间有交互作用，交互作用可能源于其他系统的正常工作或非正常工作）。

P-图可以辅助确定 DFMEA 的以下内容。

（1）故障模式（功能随时间退化）

丧失部分功能可能是由随时间退化这一干扰因素造成的。非预期功能是指几个相互作用的单元在其各自性能正常的前提下，由单元间的交互作用导致产品发生意外。例如，车体与底盘的某一固有频率相等导致共振发生。这两种故障模式都可以借助 P-图进行分析，防止遗漏故障模式。

（2）故障原因

根据 P-图中噪声因素的五个基本来源，可将故障原因主要归纳为产品本身原因、时间影响因素、操作影响因素、环境影响因素和接口影响因素。

（3）故障影响（错误状态）

错误状态包括两类：①与预期功能的偏差，主要是指对产品功能的影响；②非预期的系统输出，主要是指用户不期望的系统输出，如操作系统工作很吃力、空调工作时产生难闻的气味等。

（4）现有控制措施（控制因素）

P-图中的控制因素是指可由工程师修改的设计参数，它们是对噪声因素的补偿，能够直接影响系统输出。可以通过调整这些因素提高系统的鲁棒性和可靠性。通常情况下，工程师可以通过试验设计获得最优的控制因素水平。典型的控制因素包括形位公差、弹性极限或屈服点等。

（5）建议措施（控制因素）

通过对 P-图内容的分析，可以给出建议措施。例如，为了提高设计的稳健性，设计工程师可以找出能够改变的设计参数，并给出与设计参数相应的建议措施。

图 4-3 所示为电机 P-图示例，可用来评估对产品功能的影响。

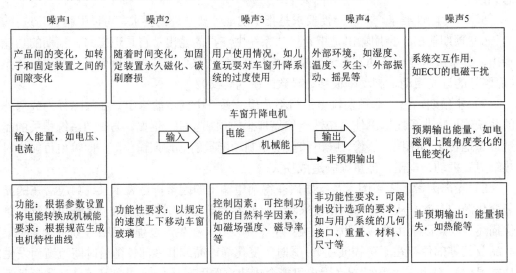

图 4-3　电机 P-图示例

功能树/矩阵是用来表明组成产品、部件或接口所需具有的功能因素或外部要素，实现某种给定功能的逻辑关系图。

功能树/矩阵是产品、部件或接口功能的逐层分解，也是功能分析的有力工具。创建功能树/矩阵的目的是整合功能之间的技术依赖关系。单纯地识别每个结构元素的功能并不能建立功能实现方法，而且故障因果关系建立在功能的相关性上，孤立的功能描述并不能确定故障机理。因此，在识别出每个结构元素的所有功能之后，需要分析上下层元素功能之间的因果关系，即连接不同层次有因果关系的功能。

在连接某个结构元素的功能时，可以借助结构树或者结构元素、功能和故障汇总表进行。需要在下层元素的功能中寻找此功能的实现方法，在上层元素的功能中寻找此功能的目的。在连接功能时，需要保证下层功能的充分必要性。也就是说，下层功能对与其连接的上层功能都是必要的，如果没有必要，就是功能浪费；同时，连接的所有下层功能也必须是充分的，只要下层功能实现了，与其连接的上层功能就应该实现。否则，即使控制住下层功能的所有故障，也不能保证上层功能得以实现。

当功能连接完成后必须检查所涉及的各个功能，确保子功能使整体功能得以执行，所有子功能在功能结构中按照逻辑相互连接。在进行功能分析时，将功能结构自上至下逐层详细展开描述，较低级别功能描述了较高级别功能是如何被满足的。以下两个问题有助于功能结构符合逻辑地连接在一起："较低级别功能如何使得较高级别功能生效？"（自上而下）；"为什么需要较低级别功能？"（自下而上）。车窗升降设计功能树图如图 4-4 所示。

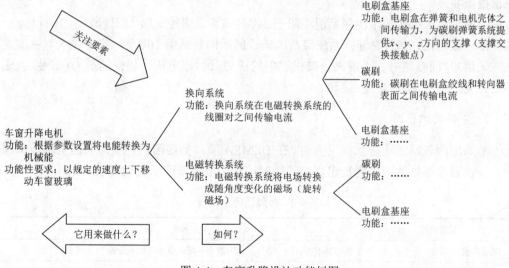

图 4-4　车窗升降设计功能树图

可在功能分析部分创建功能分析表格，见表 4-1。

表 4-1　功能分析表格示例

功能分析（三步）		
①上一较高级别功能及要求	②关注要素功能及要求	③下一较低级别功能及要求或特性
根据参数设置将电能转换为机械能	换向系统在电磁转换系统的线圈对之间传输电流	电刷盒在弹簧和电机壳体之间传输力，为碳刷弹簧系统提供 x、y、z 方向的支撑（支撑交换接触点）

4.2.6 故障分析

设计故障分析的主要目的是确定故障模式、故障原因和故障影响,并揭示它们之间的关系,以便进行风险评估,然后对设计进行优化改进以降低设计风险。

1. 确定故障模式

故障模式为产品、部件及接口可能无法满足或实现预期功能的方式。在 DFMEA 故障分析阶段,一旦系统/部件分离,下一步就要彻底评估每个故障,确定它们可能发生的所有故障模式。DFMEA 中常见的故障模式如下。

1)完全故障:产品、部件及接口不再起作用,需要完全删除或更换。

2)部分故障:某些功能正常,但系统或部件未能正常运行。

3)间歇性故障:不定期发生故障,如随机启动/停止。

4)功能退化:随着时间推移,性能下降。

5)非预期功能:在错误的时间操作,其表现与预期完全相反等。

以汽车为例,当方向盘向左转动时车辆向右转,这就属于非预期功能故障模式。因此,在必要时需要记录车辆的运行状况,如在车辆启动或熄火时失去转向助力。需要注意的是,产品、部件及接口可能具有多个故障模式,在此阶段记录所涉及的每个具体故障都很重要。

部件级故障模式的示例包括但不限于:部件破裂、部件变形、部件断裂、部件松动、部件部分被氧化、部件粘连。系统级故障模式的示例包括但不限于:完全失水、脱离太快、无信号/间歇信号、不脱离、提供过多的压力/信号/电压、提供的压力/信号/电压不足、无法承受负载/温度/振动。

2. 分析故障原因

故障原因表明故障是怎样发生的。在 DFMEA 阶段需要简洁完整地列出全部故障原因,以便后续根据故障原因提出相应的控制措施。故障原因示例表见表 4-2。

表 4-2　故障原因示例表

故障原因	示例
功能性能设计不当	选择错误的材料、零件,润滑能力不足,设计寿命不足等
系统相互影响	机械接口、流体流动、热源、控制器反馈等
时间变化	材料磨损、腐蚀、化学氧化等
外部环境	热、冷、潮湿、振动等
设计制造不可靠	零件的几何形状使零件安装向后或倒过来,零件缺乏明确的设计特征,运输容器设计导致零件刮擦或粘在一起,零件搬运造成损坏等
软件问题	代码测试不完整,已损坏代码/数据

3. 分析故障影响

故障影响是对下一级产品（内部或外部）、最终用户（外部）和政府法规（监管）的影响。其中，对最终用户的影响应当说明用户可能注意到或体验到的情况，包括那些可能影响安全性的影响。其目的是预测与 DFMEA 团队知识水平一致的故障影响。故障影响既可能很小，也可能是毁灭性的。较小的影响如灯泡突然短路，灾难性的影响如大火或防雷系统故障导致的财产损失。这两者的结果不同，因而在 DFMEA 中两者的权重也不同。总之，故障影响既可能是生命损失、经济损失、财产损失、环境破坏，也可能是对监管要求等的影响。

以汽车的最终用户车辆操作员为例，可能存在的故障影响如下：不可察觉的影响；噪声（错位/摩擦，吱吱声等）；外观不良（外形难看，褪色，车辆外皮腐蚀等）；气味难闻；触感粗糙；操作受损、间歇、无法操作、电磁不兼容；外部泄漏导致性能损失，运行不稳定；无法驾驶车辆（步行回家）；违反相关政府法规；转向或制动故障等。

4. 列出现有预防控制措施

现有预防控制措施是指已经用于或正在用于相同或相近设计中的方法，它能使 DFMEA 团队明确如何采取措施预防和检测最薄弱的环节。目前，设计控制措施主要有两种类型，分别为预防控制措施和检测控制措施，其目的都是在产品、部件或接口投入正式生产阶段之前检测出潜在故障。

1) 预防控制措施。预防控制措施旨在消除发生故障的原因/机制。预防控制措施的示例包括设计要求、工程要求、材料要求和文档要求。预防控制措施的主要方法包括标杆分析、失败—安全设计、设计和材料标准、文件化（来自类似设计的经验记录）、经验学习、仿真研究（通过概念分析建立设计要求）及防错等。

2) 检测控制措施。检测控制措施旨在识别导致故障的原因/机制，并将其用于原型设计、功能测试、可靠性测试和仿真中。检测控制措施的主要方法包括设计评审、样件试验、确认试验、仿真研究（设计确认）、试验设计（含可靠性试验及用相似零件制作模型进行测试）等。

5. 计算风险优先数

风险优先数（RPN）是将发生度（O）、严重度（S）、检测度（D）相乘计算得到的数值。严重度（S）表示设计故障影响的严重程度；发生度（O）表示设计故障原因的发生频率；检测度（D）表示设计阶段检测措施发现故障原因和/或故障模式的难易程度。DFMEA 常用的发生度、严重度和检测度评分准则分别见表 4-3～表 4-5。

上述三个风险因子的范围均为 1～10，其中 10 代表最高风险水平。RPN 值的范围为 1～1000。RPN 值越高，其对应的故障模式风险越高。因此，需要考虑设计修改，并进行后续的优化工作。

表 4-3 DFMEA 发生度评分准则

发生度	描述	评分
必然发生	没有历史的新技术/新设计	10
极高	新设计、新应用或使用寿命/操作条件改变情况下不可避免会发生故障	9
非常高	新设计、新应用或使用寿命/操作条件改变情况下很可能发生故障	8
高	新设计、新应用或使用寿命/操作条件改变情况下不确定是否会发生故障	7
中等	与类似设计相关或在设计模拟和测试中频繁发生故障	6
	与类似设计相关或在设计模拟和测试中偶然发生故障	5
低	与类似设计相关或在设计模拟和测试中较少发生故障	4
非常低	仅仅在与几乎相同的设计关联或在设计模拟和测试中发生故障	3
极低	在与几乎相同的设计关联或在设计模拟和试验中不能察觉故障	2
几乎不发生	故障通过预防控制消除	1

表 4-4 DFMEA 严重度评分准则

严重度	描述	评分
极高	极严重影响，可能危及机器或操作员安全，无危险预警	10
	有潜在危害影响，可能危及机器或操作员安全，有危险警告	9
高	对生产线造成重大破坏，产品失去主要功能，100%报废，客户非常不满意	8
	产品性能受到严重影响，需要回收报废，客户感觉不满意	7
中等	轻微的生产中断，一些次级零件功能性损失，需要维修，客户感觉不舒适	6
	产品的部分零件需要维修，客户感到失望	5
	大多数客户注意到较小缺陷，但故障不要求维修	4
低	一些客户注意到轻微缺陷，对产品有轻微影响	3
	产品缺陷可以在线进行修复，细心的客户注意到细微缺陷	2
无	没有影响	1

表 4-5 DFMEA 检测度评分准则

检测可能性	描述	评分
几乎不可能	没有现行设计控制，不能检测或不能分析	10
低	设计分析/检测控制有微弱的检测能力；实际分析与期望的实际操作条件不相关	9
	在设计冻结及在试验通过/失败的情况下预先投放后的产品验证/确认	8
中等	在设计冻结和在故障测试试验的情况下预先投放后的产品验证/确认	7
	在设计冻结及在降级试验的情况下预先投放后的产品验证/确认	6
	使用通过/故障试验进行产品验证，预先冻结设计	5
高	使用故障试验预先冻结设计的产品确认	4
	使用降级试验预先冻结设计的产品确认	3
非常高	设计分析/检测控制有强检测能力，在实际或期望运作条件下预先停止设计与实质性分析高相关	2
	通过设计解决方案充分执行预防，故障模式将不会发生	1

4.2.7 制定预防改进措施

由风险分析可知,若故障模式风险较高,则需要制定预防改进措施以降低设计风险。在预防改进措施的实施步骤中,首先需要仔细审视所分析的故障链及当前措施,然后基于三个风险因子策划、评估进一步的预防和检测措施以降低设计风险,并优化改进设计。

4.2.8 填写设计 FMEA 表格

经过前面七个步骤,DFMEA 的技术分析基本完成,此时可以开始填写 DFMEA 表格。

4.3 设计 FMEA 表格编制

DFMEA 表格没有完全统一的标准格式,各企业可以根据自身需要对表格进行设计和修改。较为通用的 DFMEA 表格见表 4-6。其中,①~⑩项是 DFMEA 的介绍部分,包括用户可能需要的基本信息;⑪~㉔项是表格的主体部分,也是必需项,不可删减。表中的部分项目已在上述小节中详细介绍,在此只作简单描述。

表 4-6　DFMEA 表格

系统名称/编号: ＿＿＿＿＿＿　　责任部门: ＿＿＿＿＿＿　　修订日期: ＿＿＿＿＿＿

零件名称/编号: ＿＿＿＿＿＿　　责任人: ＿＿＿＿＿＿　　编制者: ＿＿＿＿＿＿

产品型号: ＿＿＿＿＿＿　　发布日期: ＿＿＿＿＿＿　　实施日期: ＿＿＿＿＿＿

DFMEA 团队: ＿＿＿＿＿＿＿＿＿＿＿＿＿＿＿＿＿＿＿＿＿＿　　第　　页,共　　页

功能/要求	故障模式	分类	故障原因	O	故障影响	S	检测方法	D	RPN	建议措施	责任人/完成日期	实施措施结果				
												纠正措施	O	S	D	RPN

① 系统名称/编号:填写系统的名称或者编号,以便后续归类查询。

② 零件名称/编号:填写零件的名称或者编号,以便后续归类查询。

③ 产品型号:填写产品的型号,以便后续归类查询。

④ 责任部门:填写公司负责进行 DFMEA 工作的部门名称。

⑤ 责任人:填写 DFMEA 团队的负责人,这样方便将 DFMEA 的责任追溯到个人。

⑥ 发布日期：确定产品预定发布的日期。

⑦ 修订日期：记录完成最后一次修订 DFMEA 工作的日期。

⑧ 编制者：记录编写 DFMEA 表格的人员。

⑨ 实施日期：记录开始实施 DFMEA 的日期。

⑩ DFMEA 团队：记录负责 DFMEA 工作的团队成员。有时也记录一些附加信息，如团队成员所属部门、联系电话及地址等。

⑪ 功能/要求：设计工程师填写设计意图、目的及目标等。设计的功能通常是根据客户的需求和期望来制定的。DFMEA 团队应用方块图确定设计功能。为保证功能设计的有效性，需要对设计功能展开详细说明，并保证语言简洁、准确且易于理解。

⑫ 故障模式：是故障的表现形式。要求分析人员在 DFMEA 表中列出分析对象可能发生的故障模式，即没有达到设计意图和功能要求所表现出来的问题。

⑬ 分类：是指与故障模式对应的产品特性的分类。如果是产品的特殊特性，就要用特殊符号标记。对客户要求的特殊特性，DFMEA 团队需要优先考虑。一般来说，特殊特性所导致的故障模式后果是十分严重的。

⑭ 故障原因：是指设计薄弱部分的迹象，其结果将导致故障模式。在分析故障原因时，应当尽可能地列出分析范围内故障的根本原因。

⑮ O：是指故障模式发生的可能性。通过设计更改消除或控制故障起因是减少故障发生频率的重要途径。

⑯ 故障影响：每种故障模式都会有相应的故障影响。在分析故障影响时，要尽可能地分析出故障的最终影响。

⑰ S：表示故障后果的严重性，一般只有通过设计更改才能降低故障严重度。

⑱ 检测方法：是指用来发现故障的方法，也就是用来检验现行设计控制措施是否有效的方法。检测方法应当尽可能地选用预防控制方法。在产品生产前，可以通过评审、验证、试验等分析方法或物理方法识别检测出故障的主要原因或故障模式的存在。

⑲ D：是指对故障模式及故障原因的可检测程度。检测度的判别方法通常是先假设故障已经发生，然后评价现有设计控制检测故障模式的能力。

⑳ RPN：是严重度（S）、发生度（O）与检测度（D）的乘积，即 RPN=S×O×D。

㉑ 建议措施：应当首先针对高严重度、高 RPN 值和团队指定的其他项目进行预防/纠正措施的工程评价。此外，任何建议措施都要按照严重度、发生度和检测度的顺序降低故障模式的风险等级。

㉒ 责任人/完成日期：填入每一项建议措施的责任单位名称和责任人姓名及目标完成日期。

㉓ 纠正措施：在措施实施后，填入实际措施的简要说明及生效日期。

㉔ 修正 RPN：在确定预防/纠正措施后，估计并记录改进后故障模式的发生度、严重度和检测度的数值，并重新计算得出修正 RPN 值。若没有采取任何措施，则相关栏保持空白即可。所有修改的数值都应重新进行评审，若认为有必要采取进一步措施，则应重复该项分析，分析的焦点应当永远是持续改进。完成 DFMEA 分析后的 DFMEA 检查表见表 4-7。

表 4-7 DFMEA 检查表

产品名称：		规格/型号：			客户零件编号：		
	问题	是	否	所要求的意见/措施	负责部门/负责人	完成日期	
①	是否制定 DFMEA？						
②	是否已对过去发生事件和保修数据进行评审？						
③	是否已考虑类似零件的 DFMEA？						
④	DFMEA 是否识别了特殊特性？						
⑤	是否已确认了影响高风险最先故障模式的设计特性？						
⑥	对高风险优先数项目是否已确定了适当的纠正措施？						
⑦	对严重度数值偏高的项目是否已确定了适当的纠正措施？						
⑧	当纠正措施实施并验证后，高风险优先数是否已得到修正？						

4.4 应用案例：DFMEA 在电动汽车增程器设计中的应用

增程式电动汽车是一种串联式结构的混合动力汽车，通过增加一个增程器解决纯电动汽车行程短的缺点；电池和增程器作为驱动装置的动力源，为驱动电机提供能量（金英 等，2013）。电能是驱动增程式电动汽车的主要能源，汽油是它的备用能源。只有当电池电能不足时，增程器才开始工作，为驱动装置提供驱动力，并驱动车辆继续行驶，从而增加汽车行驶里程。动力系统示意图如图 4-5 所示。一般增程器主要由发动机、发电机及其机械连接结构组成，如图 4-6 所示。

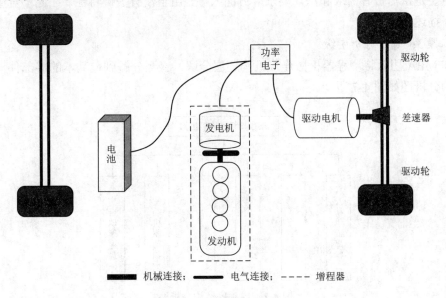

图 4-5 动力系统示意图

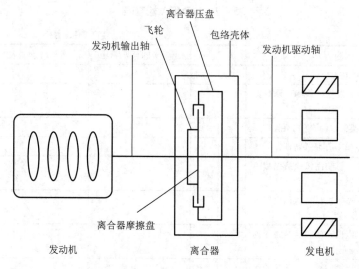

图 4-6   增程器结构示意图

增程器机械连接机构的主要作用是将发动机输出的转矩平顺地传递给发电机。在汽车实际运行中，发动机频繁启停导致增程器机械连接机构工作环境恶劣，所受冲击大、磨损严重。

DFMEA 分析步骤如下。

步骤 1：确定用户。

针对此案例，增程器机械连接机构的外部用户是最终购买汽车的消费者，内部用户是下一阶段的增程器装配工作。

步骤 2：确定用户需求。

主要是从消费者需求和法规要求等方面入手，由于没有关键特性，在此不对用户需求展开描述。

步骤 3：确定分析层级。

DFMEA 团队将增程器机械连接机构逐层分解，直至分解到最基本的零部件。增程器结构分析图如图 4-7 所示。

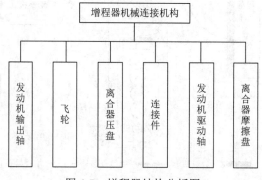

图 4-7   增程器结构分析图

步骤 4：绘制方块结构图。

增程器机械连接机构主要由发动机输出轴、飞轮、离合器压盘、连接件、发动机驱动轴和离合器摩擦盘等部件组成。实施 DFMEA，首先要确定分析范围及实施对象，创建描述产品功能和要求的方块结构图。机械连接机构方块结构图如图 4-8 所示。

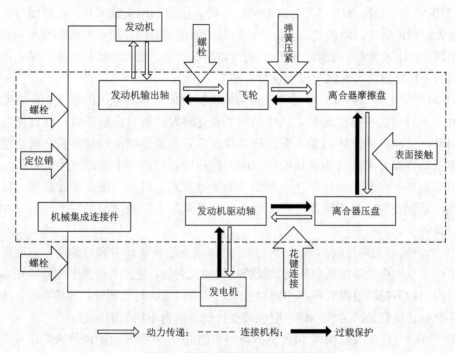

图 4-8　机械连接机构方块结构图

步骤 5：功能分析。

在结构分析完成之后，DFMEA 团队对机械连接机构进行功能分析。为了揭示机械连接机构主要功能所处的位置，DFMEA 团队制作了机械连接机构—功能关系矩阵（表 4-8）。

表 4-8　机械连接机构—功能关系矩阵

功能	发动机输出轴	飞轮	离合器压盘	连接件	发动机驱动轴	离合器摩擦盘
动力传递	√	√	√	√	√	√
过载保护			√			√

由此可见，增程器机械连接机构主要功能如下。

1）动力传递。要求机械连接机构能够平顺地将转矩从发动机传递到发电机，并且当启动发动机时，通过发电机的反拖作用将转矩平顺地传递给发动机。

2）过载保护。要求发电机动力转矩载荷变大时，离合器摩擦盘与发动机飞轮表面打滑，起过载保护作用。

步骤 6：故障分析。

1) 确定潜在故障模式。针对上述功能，列出所有可能的潜在故障模式。此处仅以动力传递功能为例进行分析。动力传递功能的故障模式有转矩传递不足故障、转矩传递不平稳故障、传动轴断裂故障、传动轴变形故障、离合器摩擦盘疲劳磨损故障和发动机飞轮表面疲劳磨损故障。

2) 确定潜在故障原因。在实施 DFMEA 时，团队利用头脑风暴、鱼骨图等分析方法尽最大可能地确定故障模式。以传动轴断裂故障模式为例，轴系的断裂原因为低应力延时断裂；冲击疲劳断裂故障；裂纹、缺口和组织缺陷，使疲劳破坏更加敏感；所受应力不均匀、环境恶劣、腐蚀等原因使材质变异。

3) 确定潜在故障影响。传动轴分别为发动机输出轴和发电机的输入轴；当发动机启动时，由发电机反拖带动发动机转动。如果此时发动机输出轴断裂，就会使发动机无法启动，发电机则空转；如果在发动机点火后正常工作时传动轴断裂，就会使发动机飞车及增程器整个系统的机具损坏。由于传动轴断裂是一个瞬态发生的过程，其导致的后果也是不可预知的。往往一个零件的故障模式会引起一连串连锁反应，以至整个系统的功能丧失，最终可能导致车毁人亡的严重后果。具体故障后果详见 DFMEA 表格（表 4-9）。

4) 列出现有预防控制措施。现有预防控制措施主要从预防和检测两个方面考虑。以转矩传递不平稳故障模式和传动轴断裂故障模式为例，通过重新匹配扭转减振器解决传动时振动频率与轴系固有频率相同而引起的共振问题。与此同时，调整飞轮、传动轴系的各部分转动惯量，达到合理匹配以减少传动轴应力不均匀的问题。

5) 计算风险优先数。本案例根据故障模式的 RPN 值和 S 值的阈值来判定是否进行改进。案例确定 S 值的阈值为 7，RPN 值的阈值为 80；当某种故障模式的 S 值大于等于 7 时，或 RPN 值大于等于 80 时，必须对该故障模式进行优先分析。根据 S、O、D 的值计算出风险优先数。

步骤 7：制定预防改进措施。

经过风险分析，若风险大小不可接受，则需要制定预防改进措施以降低设计风险。根据汽车工业行动团队的 FMEA 手册规定，动力传递功能故障有六种故障模式，经过专家工作组判定，这六种故障模式的 S 值都大于等于 7 且后四种故障模式的 RPN 值也都大于 80。因此，必须对这六种故障模式采取必要措施以提高轴系的可靠性。在对机械连接机构实施 DFMEA 的过程中，应及时跟踪实施过程的进展情况，并记录相关信息。在实施 DFMEA 后，应当分析采取措施后的故障模式情况，并重新对严重度、发生度、检测度及 RPN 值进行评估，检验项目实施效果。对仍没有达到要求的项目继续实施预防改进措施，不断进行改进。具体改进措施和改进后的 RPN 值见表 4-9。

步骤 8：填写 DFMEA 表格。

在 DFMEA 各个流程实施完成后，生成增程器 DFMEA 的文件化表格（表 4-9）。

表 4-9　增程器 DFMEA 表格

系统名称/编号: __增程器系统__　　责任部门: __××设计所__　　修订日期: __2020/9/20__

零件名称/编号: __机械连接机构次系统__　　责任人: _____　　编制者: __张三__

产品型号: __/__　　发布日期: __2020/9/20__　　实施日期: __2020/9/20__

DFMEA 团队: __张三、李四、王五、赵六__　　　　　　第 1 页,共 2 页

功能/要求	故障模式	分类	故障原因	O	故障影响	S	检测方法	D	RPN	建议措施	责任人/完成日期	纠正措施	O	S	D	RPN
动力传递 平顺地将动力从发动机传到发电机(含发电机反拖)	力矩传输不足		a. 飞轮、摩擦盘疲劳磨损; b. 轴承润滑不良使摩擦力增加、温度升高,影响轴承使用寿命、导致传动轴系材质发生变异	4	发动机无法启动	8	提高轴承润滑标准	2	64	提高轴承润滑标准	2020/9/20	已提高轴承10润滑标准	8	3	2	488
	动力传输不平稳		a. 传动时扰动频率与轴系的固有频率相同,使传动轴发生扭转共振; b. 螺栓松动	5	振动大,噪声大,严重时导致轴系断裂	7	重新匹配扭转减振器,选择合适的螺栓	2	70	a. 轴系在设计时转动惯量、阻尼、刚度等参数要精确化; b. 调整扭转减振器弹簧刚度	2020/9/20	a. 已精确化轴系在设计时的转动惯量、阻尼等参数; b. 已调整扭转减振器弹簧刚度	7	3	2	42
	传动轴断裂		a. 低应力延时断裂; b. 冲击疲劳断裂故障; c. 裂纹、缺口和组织缺陷,使疲劳破坏更加敏感	3	发动机飞车,发电机空转	10	发动机转速传感器,发电机电流变化	5	150	调整扭转减振器弹簧刚度及轴系的各部分转动惯量等为减缓冲击带来的扭振	2020/9/20	已调整扭转减振器弹簧刚度及轴系的各部分转动惯量等为减缓冲击带来的扭振	10	1	4	40
	传动轴变形		a. 所受应力不均匀; b. 材料基体在热处理过程中硬度控制较低,使其塑性变形力极佳; c. 环境恶劣,腐蚀、高温等对材质有关特性产生不良影响	4	动力传输不平稳,可能引起传动轴断裂	9	提高材质性能	5	180	a. 调整飞轮、传动轴系各部分转动惯量达到合理匹配; b. 提高轴系材质的抗腐蚀性、耐高温等特性	2020/9/20	a. 已调整飞轮、传动轴系各部分转动惯量达到合理匹配; b. 已提高轴系材质的抗腐蚀性、耐高温等特性	9	1	3	27

续表

功能/要求	故障模式	分类	故障原因	O	故障影响	S	检测方法	D	RPN	建议措施	责任人/完成日期	实施措施结果				
												纠正措施	O	S	D	RPN
	离合器磨损故障		疲劳磨损、高温导致摩擦表面材质发生变化，摩擦表面出现不平衡接触	4	动力无法传输，增程器无法正常运行	7	—	4	112	—	2020/9/20	—	7	2	4	56

复习与思考

1. 什么是 DFMEA？DFMEA 工作何时开始？
2. DFMEA 在产品生产过程中的角色是什么？
3. DFMEA 的主要作用有哪些？
4. DFMEA 团队中通常包括哪些成员？
5. DFMEA 流程由哪几个步骤构成？
6. 概述方块结构图。
7. 应用 DFMEA 方法进行实际案例分析。

第 5 章
过程 FMEA

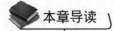 **本章导读**

> 过程 FMEA 是在产品制造和装配过程中采用的一种 FMEA 技术,能够保证充分考虑制造/装配过程中各种潜在的故障模式及其相关起因,并采取预防改进措施减少和消除故障。本章首先概述过程 FMEA 的基本理论,给出过程 FMEA 的定义,阐述过程 FMEA 的作用及过程 FMEA 团队构成;其次,描述过程 FMEA 流程,包括定义范围、流程分析、功能分析、故障分析、制定预防改进措施及填写过程 FMEA 表格;然后,明确过程 FMEA 表格编制的内容及规范;最后,通过飞机总体装配过程应用案例进一步阐释过程 FMEA 的实施过程。

5.1 过程 FMEA 概述

5.1.1 过程 FMEA 的定义

过程 FMEA(process FMEA, PFMEA)分析产品在制造、装配和物流过程中的潜在故障,对构成过程的各个工序逐一进行分析,进而在产品交付用户之前就采取预防和控制措施以降低过程风险,从而降低过程故障发生率,提高过程的可靠性。

PFMEA 是一种用于确定过程中潜在的或已知的故障模式并提供相应纠正措施的规范化分析方法。PFMEA 不仅记录过去发生的过程问题,还包含更多对未来可能发生问题的探讨。PFMEA 总结团队开发一个过程时的思想,其中包括根据以往经验对可能出错的一些过程的分析。PFMEA 是一个动态演绎的过程,它应用各种技术和方法以产生有效的过程输出,其结果是过程无故障,并可作为产品 FMEA、部件 FMEA 或服务 FMEA 的输入信息。

PFMEA 通常包括人力、机器、方法、材料、测量和环境等多个要素。过程包括不同的部件,而且每一种部件又有自己的子部件,这些部件既可能按照先后顺序单独起作用,也可能产生交互作用导致故障。正是由于这种嵌套性,PFMEA 比 DFMEA 更复杂、更耗费时间。

5.1.2　过程 FMEA 的作用

过程故障不仅会导致过程发生问题，也会给生产和服务带来困扰。PFMEA 作为预防以上问题的一种方法，它的作用主要有以下三点。

1）识别和评价与过程相关的故障模式及故障对过程和用户造成的后果。

2）识别制造或装配过程的故障起因。

3）识别降低故障发生率或提高故障检测率的过程变量。

5.1.3　过程 FMEA 团队构成

PFMEA 团队由一个过程工程师领导的多学科或跨部门成员组成。PFMEA 团队分为核心团队和扩展团队。核心团队需要始终参加 PFMEA 会议，是 PFMEA 信息的主要输入者；扩展团队根据需要参加会议。

核心团队成员一般包括主持人、项目经理、过程工程师和过程质量工程师。整个核心团队在主持人的带领下，通过主持人的提问和团队成员的回答及讨论展开 PFMEA 工作。项目经理总体负责整个项目工作，其中也包括 PFMEA。过程工程师是过程的负责人，他们理解过程意图及其实现方法，是 PFMEA 会议过程中技术信息的主要提供者。过程质量工程师的职责是过程质量管理，在 PFMEA 过程中，他们关注质量策划、质量保证和质量控制的方法和效果。

设计工程师和设计质量工程师是 PFMEA 扩展团队成员，当 PFMEA 团队讨论的主题和产品相关时，需要邀请他们阐明产品设计以确定过程故障对产品的影响。其他团队成员（测试工程师、技术专家、领班、线长、作业员等）可以根据需要参加 PFMEA 会议。

5.2　过程 FMEA 流程

5.2.1　定义范围

PFMEA 团队应当根据 PFMEA 开发的类型和对象确定分析界限，确保分析方向和重点保持一致，从而使 PFMEA 团队能够专注于最高优先级过程。

过程范围定义的目的如下。

1）项目计划——团队包括哪些人员、创建项目时间表等。

2）项目识别——哪些过程/哪些过程的部分要进行分析？

3）定义分析界限——包括什么，不包括什么。

4）确定能够使用的相关经验教训和决策。例如，最佳实践、准则和标准、防错-防呆法等。

若 PFMEA 分析新过程，则分析范围是这些新过程的全部组成部分；若 PFMEA 分析过程变更，则分析范围是变化本身的执行及由这些变化影响的其他操作；若 PFMEA 分析过程问题，则分析范围是这个过程问题及其引起的过程变更。需要注意的是，若 PFMEA 中定义的预防改进措施造成了过程变更，则需要对这些过程变更继续进行 PFMEA 分析。

5.2.2 流程分析

与方块图类似，流程图也是一种图形化分析工具。它可把流程的组成部分（每个过程）展现出来，进而描述它们之间的顺序关系。流程图的作用是帮助人们理解流程，进而更好地展开功能分析和故障分析。

作为一种分析工具，流程图可用于帮助 PFMEA 团队确定分析范围。流程图应当包含从各单独零部件到材料的装运、接收、运输、仓储、搬运及标识等所有过程。PFMEA 中也应包括使用流程图进行初步风险评估时所识别出的各工序对产品过程的影响。流程分析中定义的过程同样用于功能分析。若流程分析中缺少过程要素，则功能分析中也会相应地缺少这些要素。流程分析图示例如图 5-1 所示。

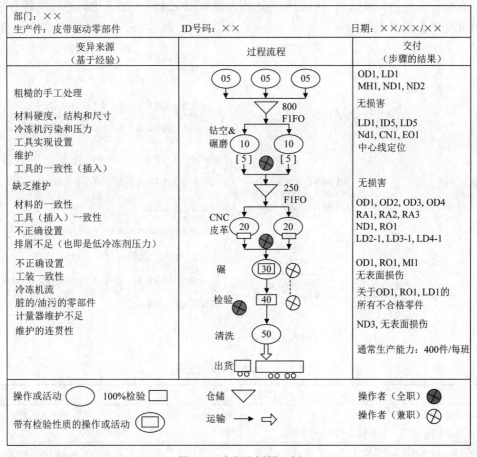

图 5-1　流程分析图示例

5.2.3 功能分析

功能分析是立足于不同层次的结构元素，识别它们的功能和要求，并连接这些具有因果关系的功能和要求的过程。功能分析确定了结构元素需要实现的功能和要求以及它们之间的因果关系。功能分析作为故障分析的基础，若其有遗漏或错误，则接下来的分析也将出现缺失或偏差。

PFMEA 功能分析的目的是确保过程的预期功能得到适当的分配，将功能、产品特性、过程特性分配到过程步骤及作业要素中。若一个过程有多项功能，则应分开描述，以便更好地识别与其相应的故障模式。

功能是过程步骤意图的公式化表述，即功能＝动词＋名词，如钻孔、涂胶、烘料等。动词表达活动、发生与存在，名词表达活动与何事/何物相关。在功能描述时，尽量避免使用模糊性的动词进行描述，如提供、使用、允许等。

此外，功能分析还应包括产品特性、法律要求、行业规范和标准、用户要求、内部要求及过程特性等。其中，过程特性是指确保通过过程实现产品特性的过程控制，可以展示在制造图样或规范中。

在实际应用中，可以通过结构树将过程功能可视化（图 5-2），也可通过功能分析表格展开功能分析（表 5-1）。

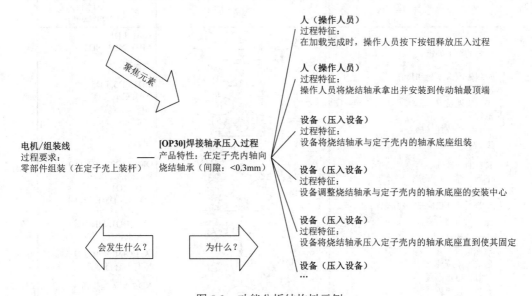

图 5-2 功能分析结构树示例

表 5-1 功能分析表格示例

功能分析（三步）		
①过程项目功能 （工厂内，运输至工厂，过程项目及最终用户）	②过程步骤功能和产品特性	③过程影响因素的功能和过程特性
过程项目：将电能转换为机械能； 工厂：在规定时间完成零部件组装且没有报废和返工； 最终用户：车窗玻璃能够上升、下降	将烧结轴承轴向压入定子壳内，并达到最大间隙	操作人员从溜槽上取下洁净的烧结轴承，并将其推到传动轴上，直到上止点
过程项目：将电能转换为机械能； 车间：在规定时间完成零部件组装且没有报废和返工； 最终用户：车窗玻璃能够上升、下降	将烧结轴承轴向压入定子壳内，并达到最大间隙	将烧结轴承轴向压入定子壳内的轴承底座，直到位置固定

5.2.4　故障分析

过程故障分析的主要目的是确定故障模式、故障原因和故障影响，并揭示它们之间的关系，以便进行风险评估。

1. 确定故障模式

故障模式是产品在制造、装配和物流过程中无法满足或实现预期功能的潜在故障。一般情况下，它是指按照规定的操作规范进行操作时出现的故障问题。PFMEA 中的故障模式有两种类型：Ⅰ类故障，如零件超差、错装等；Ⅱ类故障，如在加工过程中操作者受到伤害或机器损坏、产生粉尘、温度过高等。

在准备 PFMEA 时，应当假定所接收的零件/材料是完好的。当历史数据表明进货零件质量有缺陷时，FMEA 团队可做出例外处理，并按照部件、子系统、系统或过程特性列出特定工序的每一个故障模式。四类常见过程故障模式见表 5-2。

表 5-2　常见过程故障模式

过程	故障模式
测试和检验	接收好的零件，拒收坏的零件
组装	相关内容、零件定位不当和零件遗漏
验收检验	验收的零件不合格
制造	可视化特性、空间特性、设计特性

故障模式应用规范化的技术术语来描述。此外，也可采用提问的方式来帮助确定潜在的故障模式。例如，"在完成某一预期功能时故障会如何发生？""在某一操作中为什么拒收某个零件？""什么样的故障被用户发现后不可以接受？""在该操作中零件与规范如何不符？"等。

2. 分析故障原因

故障原因表明故障是怎样发生的。在 PFMEA 阶段需要简洁完整地列出全部故障原因，以便后续根据故障原因提出相应的控制措施。在描述故障原因时要注意分点描述，这是因为不同的起因会有不同的控制方法和行动计划。此外，还应列出具体失误或故障情况（操作者未安装密封件等），不能使用含糊不清的词语（操作者错误、机器工作不正常等）。此时可以采用因果图和五个为什么分析法来分析故障原因，并可采用正交试验方法等找出引起故障的关键因素。

3. 分析故障影响

故障影响是过程中发生的潜在故障对下一流程、最终用户（外部）和政府法规（监管）的影响。PFMEA 中描述的故障影响应与 DFMEA 中描述的故障影响保持一致。若故障模式可能影响安全或导致不符合法规，则应在 PFMEA 中清晰地阐述。为了更好地确定故障影响，可以参考 PFMEA 故障问题示例（表 5-3）。座椅生产流程 PFMEA 故障影响示例见表 5-4。

表 5-3　PFMEA 故障问题示例

问题	示例
故障模式会阻止下游工序进行或对设备或操作者造成潜在伤害吗？	在某工序无法装配；在用户处不能连接；在某工序无法钻孔；在某工序会造成工装额外的磨损；在某工序会损伤设备；在用户处会伤害操作者
对最终用户的潜在影响是什么？	噪声；费力；异味；间歇性工作；泄漏；外观不良
在到最终用户前检测到后果会发生什么？	停线；停止装运；100%报废；降低线速；增加人力以维持线速

表 5-4　PFMEA 故障影响示例

要求	故障模式	影响
4 颗螺钉	少于 4 颗螺钉	最终用户：座椅垫松动并有噪声 制造和装配：额外挑选返工
规定的螺钉	用错螺钉	制造和装配：螺钉无法安装
安装顺序：第一颗螺钉安在右前方的孔中	螺钉安在其他孔里	制造和装配：现场安装其他螺钉很困难
螺钉完全安装到位	未完全拧到位	最终用户：座椅垫松动并有噪声 制造和装配：挑选返工
螺钉拧至规定的动态转矩	转矩过高	最终用户：螺钉破裂导致座椅垫松动并有噪声 制造和装配：挑选返工
	转矩过低	最终用户：螺钉逐渐松脱导致座椅垫松动并有噪声 制造和装配：挑选返工

无论如何确定故障影响，都必须确定过程功能丧失的关联影响，并且必须考虑对过程自身、其他过程、产品、安全性、官方标准、机器和设备及用户的影响。此外，若考虑安全性因素，则在表中应有一列用于记录相应内容。对应特别考虑的关键故障影响，过程工程师必须与设计工程师协作才能正确描述部件、过程或部件过程的故障影响。

4. 列出现有预防控制措施

PFMEA 中的过程控制措施主要包括预防控制措施和检测控制措施。

1）预防控制措施。对于 PFMEA 来说，在故障原因发生之前应对风险的措施属于预防控制措施。一般可把主要的预防控制措施归纳为设计保证、操作便利、作业指导、能力提高、维护保养及防错设计等类别。在识别或采取过程预防控制措施时，可基于这些类别展开思考。

2）检测控制措施。检测控制措施旨在识别导致故障的原因，并将其用于原型设计、功能测试、可靠性测试和仿真中。常见的检测控制措施主要有首件检查、巡检、目视检查、定期检查等。PFMEA 预防改进措施示例见表 5-5。

表 5-5　PFMEA 预防改进措施示例

要求	故障模式	故障原因	预防控制	检测控制
螺钉完全安装到位	未完全拧到位	操作工拧螺钉时机器未与工作面垂直	操作工培训	在拧螺钉的机器上安装角度检测器，当角度值不符时禁止零件离开工装

续表

要求	故障模式	故障原因	预防控制	检测控制
螺钉拧至规定的动态转矩	转矩过高	转矩由非设置人员设置过高	用密码保护控制盘（只有设置人员才能使用）	在设置程序中增加规定，运行前先要确认转矩
		转矩由设置人员设置过高	对设置人员进行培训	
			在设置指导书中加入设置要求	
	转矩过低	转矩由非设置人员设置过低	用密码保护控制盘（只有设置人员才能使用）	
		转矩由设置人员设置过低	对设置人员进行培训	
			在设置指导书中加入设置要求	

5. 计算风险优先数

用户期望过程在整个生命周期中始终保持一定的可靠性。因此，基于时间考虑有利于过程保持良好的运行状况，但需要考虑过程的老化、腐蚀、磨损、消耗等因素。PFMEA 常用的发生度、严重度和检测度评分准则分别见表 5-6～表 5-8。

表 5-6　PFMEA 发生度评分准则

影响	评定准则：原因发生的可能性（事件每车辆/项目）	评分
非常高	≥1/10	10
高	1/20	9
	1/50	8
	1/100	7
中等	1/500	6
	1/2000	5
	1/10000	4
低	1/100000	3
	1/1000000	2
非常低	通过预防控制可消除的故障	1

表 5-7　PFMEA 严重度评分准则

影响	评定准则：过程后果的严重度	评分
影响到安全和/或政府的法律法规失效	在无任何警告的情况下危及操作者	10
	在有警告的情况下危及操作者	9
严重破坏	100%产品报废，生产线暂停或停止运行	8
重大破坏	部分产品报废，偏差源于初级过程，包括生产线节拍降低和增加人工	7
中等破坏	100%运行中产品可能生产线下返工或接收	6
	部分运行中产品可能生产线下返工或接收	5
	100%运行中产品可能在本工作站完工前返工	4
	部分运行中产品可能在本工作站完工前返工	3

续表

影响	评定准则：过程后果的严重度	评分
轻微影响	过程/操作/操作者轻微不方便	2
无影响	无可检测的影响	1

表 5-8 　PFMEA 检测度评分准则

影响	评价准则：通过过程控制发现的可能性	评分
无发现机会	无过程控制，不能发现或不能分析	10
任何阶段无发现可能	故障模式和/或过失不能被早期发现（随机审核等）	9
在其后过程发现问题	通过后序操作者的视觉/感觉/听觉发现故障模式	8
在源头发现问题	通过本工序操作者的视觉/感觉/听觉或者后工序通过计数型检具识别故障模式	7
在其后过程发现问题	通过后工序操作者使用量具发现故障模式或者在本工序通过计数型检具识别故障模式	6
在源头发现问题	在本工序操作者使用量具能够识别故障模式，或者通过在线自动控制能够识别差异零件和通知操作者	5
在其后过程发现问题	后工序通过自动控制能够识别差异零件和锁止零件并发现故障模式，以防止影响后续过程	4
在源头发现问题	本工序通过自动控制能够识别差异零件和锁止零件发现故障模式以防止影响后续过程	3
错误检测和/或问题预防	本工序通过自动控制发现错误原因，能够识别错误或者预防差异零件的制造	2
检测不适用缺陷预防	工装设计、机器设计或零件设计能够预防错误，产品/过程设计中的防错装置能够避免差异零件被制造	1

　　上述三个风险因子的范围均在 1～10 之间，其中 10 代表最高风险水平。RPN 值的范围在 1～1000 之间。RPN 值越高，其对应的故障模式风险越高。因此，需要对过程做出修改，并进行后续的优化工作。

5.2.5　制定预防改进措施

　　由风险分析可知，若故障模式风险较高，则需要制定预防改进措施以降低过程风险。在预防改进措施的实施步骤中，首先需要仔细审视所分析的故障链及当前措施，然后基于三个风险因子评估进一步的预防和检测措施以降低过程风险，并优化改进过程。

5.2.6　填写过程 FMEA 表格

　　经过前面五个步骤，PFMEA 的技术分析基本完成，此时可以开始填写 PFMEA 表格。

5.3 　过程 FMEA 表格编制

　　较为通用的 PFMEA 表格见表 5-9。其中，①～⑩项是 PFMEA 的介绍部分，包括用户可能需要的基本信息；⑪～⑭项是表格的主体部分，也是必需项，不可删减。表中的部分项目已在上述小节中详细介绍，在此只作简单描述。

表 5-9 PFMEA 表格

过程名称/编号：＿＿＿＿＿＿＿＿ 责任部门：＿＿＿＿＿＿＿＿ 修订日期：＿＿＿＿＿＿＿＿

零件名称/编号：＿＿＿＿＿＿＿＿ 责任人：＿＿＿＿＿＿＿＿ 编制者：＿＿＿＿＿＿＿＿

产品型号：＿＿＿＿＿＿＿＿ 发布日期：＿＿＿＿＿＿＿＿ 实施日期：＿＿＿＿＿＿＿＿

PFMEA 团队：＿＿＿＿＿＿＿＿＿＿＿＿＿＿＿＿＿＿＿＿＿＿＿＿＿＿ 第＿＿＿页，共＿＿＿页

过程功能	故障模式	关键特性	故障原因	O	故障影响	S	检测方法	D	RPN	建议措施	责任人/完成日期	实施措施结果			
												纠正措施	O	S	D	RPN

① 过程名称/编号：确定过程的名称、参考代码或相应的过程代码。

② 零件名称/编号：在某些特殊情形下要确定零件的名称或编号。通常要确定最后的工程图纸号。

③ 产品型号：填写产品的型号，以便后续归类查询。

④ 责任部门：填写公司负责过程（机器、材料等）PFMEA 工作的主要责任部门名称。

⑤ 责任人：填写 PFMEA 团队的负责人，这样方便将 PFMEA 的责任追溯到个人。

⑥ 发布日期：确定产品预定发布的日期。

⑦ 修订日期：记录完成最后一次修订 PFMEA 工作的日期。

⑧ 编制者：记录编写 PFMEA 表格的人员。

⑨ 实施日期：记录开始实施 PFMEA 的日期。

⑩ PFMEA 团队：通常用于记录负责 PFMEA 工作的过程工程师的姓名。有时也记录一些附加信息，如系统设计工程师的电话号码和地址、企业 PFMEA 活动（公司部门等）、团队成员（姓名、电话、地址等）。

⑪ 过程功能：过程工程师填写过程意图、目的及目标等。过程功能必须源于设计规范，包括现在的过程是什么及将来的过程应该是什么。

⑫ 故障模式：是指过程不能满足过程功能中所描述的过程要求，是对该特定工序上的不符合项的描述。它可能是下一（下游）工序的某个潜在故障模式的一个相关起因，或者是前一（上游）工序的某个潜在故障模式的一个相关后果。

对表中⑪栏所确定的每一个过程功能都必须列出其所有相应的功能故障。需要注意的是，每个功能可能不止有一个故障。为了便于确定潜在的故障模式，分析人员可以考虑功能的退化和丧失。

⑬ 关键特性：是指与故障模式对应的产品关键特性的分类。关键特性通常与

DFMEA 和 PFMEA 相关。在 DFMEA 中，它只是"潜在的关键特性"；在 PFMEA 中，它正式定义为关键特性或重要特性。对于 PFMEA 而言，这意味着关键特性变得极为重要，它们定义了过程的要求、加工顺序和其他影响用户和官方标准的内容。

⑭ 故障原因：导致故障模式的过程缺陷。在分析故障原因时，应当尽可能地分析其根本原因而不是故障的表象。

⑮ O：是指故障模式发生的可能性。在实施 PFMEA 时，需要考虑过程在整个生命周期发生故障的情况。用户期望过程在整个生命周期始终保持一定的可靠性。因此，基于时间考虑有利于过程保持良好的运行状况，但需要考虑过程的老化、腐蚀、磨损、消耗等因素。

⑯ 故障影响：是故障对下一过程、操作、产品、用户及官方标准所产生的后果。为了确定故障影响，分析人员要研究以下文档：历史数据资料、流程分析图、图样和设计记录、过程清单、特性矩阵图、质量和可靠性历史等。

⑰ S：表示故障影响的严重性。若受故障模式影响的用户是装配厂或产品的使用者，则对严重度的评价可能超出了过程工程师/团队的经验或知识范围。在这种情况下，应当咨询 DFMEA 团队及设计工程师和/或后续的制造或装配厂的过程工程师的意见。

⑱ 检测方法：是指用来发现故障的方法，也就是用来检验现行过程控制措施是否有效的方法。检测方法应当尽可能地选用预防控制方法，可以通过评审、验证、试验等分析方法或物理方法识别、检测出故障的主要原因或故障模式的存在。

⑲ D：是指通过当前过程控制可以检测到故障模式由某已确定的根本原因引发的可能性大小。

⑳ RPN：是严重度（S）、发生度（O）与检测度（D）的乘积，即 RPN=S×O×D。

㉑ 建议措施：当故障模式的 RPN 值计算完成后，应按其大小及故障模式严重度考虑纠正措施以降低 S、O 和 D。降低 S，只有通过设计修改才能实现；减少 O，需要改进产品与过程设计；减少 D，仍然需要改进过程设计。

提高检测度虽然能够在一定程度上降低发生度，但其成本较高，是效果较差的控制方法。同时，100%检验一般只能作为临时性措施，应当避免采用随机抽样检验方法和100%检验方法。若故障模式原因不清，则应采用试验设计、因果图等方法找到故障模式原因，从而采取有针对性的控制措施。

PFMEA 的重点应当放在过程本身，注意不要过多依赖产品设计修改来解决问题。但同时也要考虑产品设计中有关可制造性和可装配性的问题，降低过程偏差对产品特性的敏感性。

㉒ 责任人/完成日期：填入每一项建议措施的责任单位名称和责任人姓名及目标完成日期。

㉓ 纠正措施：在措施实施后，填入实际措施的简要说明及生效日期。

㉔ 修正 RPN：在确定预防纠正措施后，估计并记录改进后故障模式的发生度、严重度和检测度的数值，并重新计算得出修正 RPN 值。若没有采取任何措施，则相关栏保持空白即可。所有修改的数值都应重新进行评审。若认为有必要采取进一步措施，则应重复该项分析。

5.4　应用案例：PFMEA 在飞机总体装配过程中的应用

随着我国航空事业的不断发展和《中国制造 2025》的发布实施，飞机总体装配作为关键技术一直是大型航空制造企业的标志性核心问题。飞机总体装配是飞机制造过程中最重要的环节之一，其工艺烦琐复杂，任何一个环节出现故障都将会造成不可估量的损失。本案例将 PFMEA 应用到飞机总体装配过程中，以便提高飞机总体装配过程的安全性和可靠性（贾涛 等，2022）。

PFMEA 分析步骤如下。

步骤 1：定义范围。

针对此案例，飞机总体装配过程的外部用户是最终购买飞机的消费者，内部用户是下一阶段的生产流程工作。本案例的分析范围为飞机总体装配过程中的机翼安装关键工序。

步骤 2：流程分析。

在飞机机翼安装过程中会出现划痕、碰伤、螺栓松动、电缆对接错误、导管对接错误等诸多质量缺陷，包含所有质量缺陷的飞机机翼安装流程，如图 5-3 所示。

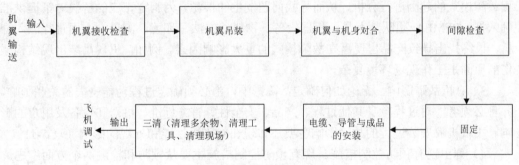

图 5-3　飞机机翼安装流程

步骤 3：功能分析。

为了更好地分析机翼安装工序发生故障后的影响，需要明确安装工艺流程中每一道工序与功能之间的关系，并绘制功能关系矩阵，见表 5-10（Y 表示过程与功能之间的相互关系）。

表 5-10　机翼安装工序功能关系矩阵

序号	功能（要求）	过程						
		机翼接收检查	机翼吊装	机翼与机身对合	间隙检查	固定	电缆、导管与成品的安装	三清（清理多余物、清理工具、清理现场）
1	机翼接收检查（无碰伤、划伤、缺陷等）	Y						
2	机翼吊装（机翼无损伤）		Y					
3	机翼与机身对合：（①安装螺栓完全装入对合孔；②在 15%的面积上允许螺栓头或螺母与接头耳片间的间隙≤0.3mm）			Y				

序号	功能（要求）	过程						
		机翼接收检查	机翼吊装	机翼与机身对合	间隙检查	固定	电缆、导管与成品的安装	三清（清理多余物、清理工具、清理现场）
4	固定（安装螺栓紧固）				Y			
5	电缆与导管的对接（电缆与导管对接正确）					Y		
6	整流蒙皮修配安装（①阶差≤1.5mm；②间隙≤2mm）						Y	
7	三清（清理多余物、清理工具、清理现场）（无多余物）							Y

步骤 4：故障分析。

1）确定故障模式。PFMEA 团队根据客户对产品的质量要求确定飞机机翼安装过程的质量特性。基于这些质量特性，PFMEA 团队识别出机翼安装过程的潜在故障模式，即机翼划伤、吊装出现结构碰伤、安全螺栓未紧固、电缆对接错误、导管对接错误等。

2）分析故障原因。在确定飞机机翼安装过程主要故障模式后，下一步工作是对过程故障模式的起因进行分析，从而寻找问题发生的根源，为制定相应的解决对策提供准确依据。PFMEA 团队从人员、机器设备、物料、方法、环境、测量六方面进行深入分析，最终找出导致产品出现潜在故障模式的重大影响因素。例如，机翼吊装出现结构碰伤的原因是工作现场环境复杂。

3）分析故障影响。无论如何确定故障影响，都必须确定过程功能丧失的关联影响，并且必须考虑对过程自身其他过程、产品、安全性、官方标准、机器和设备及用户的影响。飞机机翼安装过程的故障影响主要还体现在对飞机性能和外观的影响（表 5-11）。

4）列出现有预防控制措施。现有预防控制措施主要从预防和检测两个方面考虑。本案例的现有预防控制措施见表 5-11。

5）计算风险优先数。通过最近一段时间内缺陷机翼数量与总装配量的比值实时计算故障模式的发生概率，实时更新该故障模式的发生度。项目组成员根据多年的行业实践经验，可从消费者关注程度、国家标准赋分值、质量成本损失三个因素对故障模式的严重度进行综合评价。可将检测度的影响因素归纳为本工序检出率和后工序检出率两部分。若检出率越低，则评分越高。若风险优先数越大，则风险越高。

步骤 5：制定预防改进措施。

由风险分析可知，若风险大小不可接受，则需要制定预防改进措施以降低过程风险。在对飞机机翼安装过程实施 PFMEA 时，应对实施过程及时跟踪进展情况，并记录相关信息。在实施 PFMEA 后，应当分析采取措施后的故障模式情况，并重新对严重度、发生度、检测度及 RPN 值进行评估，检验项目实施效果。对仍没有达到要求的项目继续实施预防改进措施，不断进行改进。

步骤 6：填写 PFMEA 表格。

在 PFMEA 各个流程实施完成后，生成飞机机翼安装 PFMEA 表，见表 5-11。作为一个动态文件，PFMEA 需要持续改进直至生产流程结束。

表 5-11　飞机机翼安装 PFMEA 表

过程名称/编号：　飞机机翼安装　　责任部门：　　质量部门　　修订日期：　　　　××

零件名称/编号：　　　/　　　　责任人：　　　　　　　　编制者：　　　　张三

产品型号：　　　　/　　　　发布日期：　　××　　　实施日期：　　　××

PFMEA 团队：　　　　　　　　张三、李四、王五、赵六

过程功能	故障模式	分类	故障原因	O	故障影响	S	检测方法	D	RPN	建议措施	责任人/完成日期	实施措施结果				
												纠正措施	O	S	D	RPN
飞机机翼安装：生产出符合要求的产品	存在划伤、碰伤、缺陷等		制造工艺方法不完善	4	影响飞机表面质量	2	目视检查	7	56							
	机翼吊装出现结构碰伤		工作现场环境复杂	4	影响生产周期	6	目视检查	7	168							
	安装螺栓未完全装入对合孔		装配大纲要求不够明确	2	影响生产周期	5	目视检查+后续工序检查	4	40							
	超过 15%的面积上螺栓头与接头耳片的间隙>0.3mm		螺栓安装方式不合理	2	垂直度不满足要求	6	千分尺测量	6	72							
	安装螺栓未紧固		无要求；未打开开口销	2	连接不牢固	7	目视检查	7	98							
	电缆对接错误		防护措施不完善	2	前后襟无法正常工作	7	目视检查+后续工序检查	4	56							
	导管对接错误		防护措施不完善	2	系统工作不正常	7	目视检查+后续工序检查	4	56							
	阶差>1.5mm		测量不准确	4	蒙皮撕裂	8	千分尺测量	6	192							
	间隙>2mm		测量不准确	4	影响隐身性能	8	千分尺测量	6	192							
	存在多余物		工艺方法不完善	2	影响系统性能	7	目视检查+后续专项检查	3	42							

复习与思考

1. 什么是 PFMEA？PFMEA 工作何时开始？

2. PFMEA 团队中通常包括哪些成员？核心团队和扩展团队分别由哪些人员组成？

3. PFMEA 流程由哪几个步骤构成？

4. PFMEA 中过程范围的定义是什么？

5. PFMEA 可以通过哪些方法展开功能分析？

6. 应用 PFMEA 方法进行实际案例分析。

第6章
FMEA 相关工具

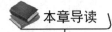 **本章导读**

　　在质量管理中，无论是分析问题还是改进措施，正确使用质量管理工具和方法都能起到事半功倍的效果。本章首先介绍因果图、排列图、矩阵图、流程图、系统图的概念以及实施步骤和注意事项等基本内容；其次，详细描述故障树分析，包括故障树分析概述、故障树分析步骤、故障树定性分析、故障树定量分析；再次，阐述事件树分析，包括事件树分析概述、事件树分析特点及作用、事件树定性分析、事件树定量分析、事件树分析流程；最后，系统介绍六西格玛管理实施中的必要资源及关键角色。

6.1　因　果　图

6.1.1　因果图的概念

　　因果图也称特性要因图、鱼骨（刺）图、树枝图、石川图等，是一种用于分析质量特性（结果）与可能影响质量特性的因素（原因）的工具。它可用于以下几个方面：分析因果关系；表达因果关系；通过识别症状，分析原因，寻找措施促进问题解决。

　　在质量管理工作中，有些质量问题产生的原因一目了然，有些质量问题产生的原因较为复杂，因果图提供了一种把列出的很多潜在原因组织起来的方法。对众多潜在原因的查找可以通过头脑风暴会议集思广益，或按照过程或流程的每一步骤逐步查找。通过对影响质量特性的因素进行全面系统地观察和分析，可以找出影响质量特性的因素与质量特性之间的因果关系，并最终找出解决问题的办法。因果图的结构如图 6-1 所示。

　　1953 年，日本东京大学教授石川馨率先提出了因果图，因此因果图又称石川图。石川教授和他的助手在研究活动中采用这种方法分析影响质量特性的因素。由于因果图非常实用有效，在日本的企业中得到了广泛应用，并很快被世界上许多国家采用。

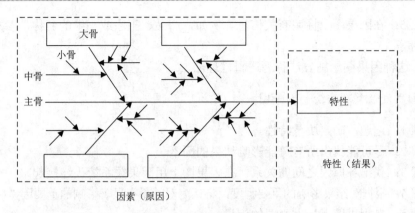

图 6-1　因果图的结构

6.1.2　因果图的绘制

绘制因果图是质量问题能否顺利解决的关键。在介绍因果图的绘制方法之前，用一个示例来说明因果图的结构。

1. 因果图示例

有关提高产品竞争力的因果图结构示例如图 6-2 所示。

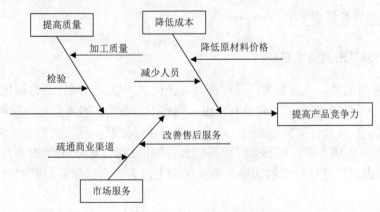

图 6-2　因果图结构示例

2. 利用逻辑推理法绘制因果图

步骤 1：确定质量特性（结果），因果图中的"结果"可以根据具体需要选择。

步骤 2：将质量特性写在纸的右侧，从左至右画一条带箭头的直线（主骨），将结果用方框框上；然后列出影响结果的主要原因，将其作为大骨也用方框框上。

步骤 3：列出影响大骨（主要原因）的原因，也就是第二层次原因，将其作为中骨；接着用小骨列出影响中骨的第三层次原因，依此类推。

步骤 4：根据对质量特性影响的重要程度，将认为对质量特性有显著影响的重要因素标出来。

步骤 5：在因果图上标明有关信息。例如，产品、工序或小组的名称，参加人员名单和日期等。

以上这种因果图绘制方法称为逻辑推理法。

3. 利用发散整理法绘制因果图

步骤 1：选题，确定质量特性。

步骤 2：尽可能找出所有可能影响结果的因素。

步骤 3：找出各原因之间的关系，在因果图上用因果关系箭头连接起来。

步骤 4：根据对结果影响的重要程度，将认为对结果有显著影响的重要因素标出来。

步骤 5：在因果图上标上必要的信息。

因果图方法的显著特点是包括两个活动：找出原因和系统整理这些原因。在查找原因时，要求积极开展开放式的讨论，其中最有效的方法是头脑风暴法。

在绘制因果图时，影响结果的原因必须从小骨到中骨、从中骨到大骨进行系统整理并归类。以上这种因果图绘制方法称为发散整理法，即先放开思路，进行开放式、发散性思维，然后根据概念的层次整理成因果图的形状。此外，还可以利用亲和图帮助整理，逐渐整理出不同层次，最后形成中骨和小骨结构。

以上两种因果图绘制方法有时可以结合起来使用。

6.1.3 因果图的注意事项

1. 绘制因果图的注意事项

1）确定原因时，应当集思广益，充分发扬民主，以免疏漏。必须确定对结果影响较大的因素。若某因素在讨论时没有考虑，则该因素在绘图时不会出现在图上。因此，绘图前必须让有关人员都参加讨论，这样因果图才会完整，有关因素才不会疏漏。

2）确定原因应当尽可能具体。如果质量特性很抽象，那么分析出的原因就只能是一个大概原因。尽管这种图的因果关系从逻辑上没有什么错误，但是对解决问题用处不大。

3）有多少质量特性，就要绘制多少张因果图。例如，若同一批产品的长度和重量都存在问题，则必须用两张因果图分别分析长度波动原因和重量波动原因。若许多因素只用一张因果图来分析，则势必使因果图大而复杂且无法管理，无法对症下药，因此难以解决问题。

4）验证。若不能对分析出的原因采取措施，则说明问题还没有得到解决。要想使改进有效果，就必须细致分析原因，直到能够采取措施。实际上，注意事项的内容分别体现"重要因素不遗漏"和"不重要因素不绘制"两方面要求。如前所述，最终的因果图往往越小越有效。

2. 使用因果图的注意事项

1）在数据的基础上客观评价每个因素的重要性。每个人都应当根据自己的技能和经验来评价各因素，但不能仅凭主观意识或印象来评议各因素的重要程度。用数据来客观评价因素的重要性，既科学又符合逻辑。

2）因果图在使用时要不断加以改进。在质量改进时，利用因果图可以帮助人们明确因果图中哪些因素需要检查。同时，随着人们对客观因果关系认识的深化，因果图必然发生变化。例如，有些需要删减或修改，有些需要增加。根据需要不断改进因果图，从而得到真正有用的因果图，这对解决问题非常有利。同时，还有利于提高技术熟练程度，增强学习新知识和解决问题的能力。

6.2　排　列　图

6.2.1　排列图的概念

排列图是为了寻找主要问题或影响质量的主要因素，将质量问题从最重要到最次要进行排序而采用的一种简单的图示技术。排列图建立在帕累托原理的基础上，因而主要影响往往是由少数项目导致的。通过区分最重要的项目与次要的项目，可用最少的努力获取最佳的改进效果。

1897 年，意大利经济学家帕累托（Pareto）提出了一个公式，这个公式表明社会上人们的收入分布是不均等的。1907 年，美国经济学家洛伦兹（Lorenz）用图表形式提出了类似理论。这两位学者都指出，大部分社会财富掌握在少数人手里。在质量管理领域，美国朱兰博士运用洛伦兹图表法将质量问题分为"关键的少数"和"次要的多数"，并将这种方法命名为"帕累托分析法"。朱兰博士指出，在许多情况下，多数不合格项目及其造成的损失是由相对少数原因引起的。

排列图按照下降的顺序显示出每个项目（含不合格项目）在整个结果中的相应作用。相应作用可以包括发生次数、有关每个项目的成本或影响结果的其他指标。排列图中用矩形的高度表示每个项目相应作用的大小，用累计频数表示各项目的累计作用。

6.2.2　制作排列图的步骤

步骤 1：确定所要调查的问题及如何收集数据。

1）选题。确定所要调查的问题是哪一类问题，如不合格项目、损失金额、事故等。

2）确定数据记录的时间。根据实际情况确定需要汇总数据的期限，只要有足够的数据即可，时间不宜过长，一般以 1～3 个月为宜。

3）确定哪些数据是必要的，以及如何将数据分类。例如，按照不合格类型分类，按照不合格发生的位置分类，按照工序分类，按照机器设备分类，按照操作者分类，按照作业方法分类等。在数据分类后，将不常出现的项目归入"其他"项目。

4）确定收集数据的方法及在何时收集数据。通常采用调查表的形式收集数据。

步骤 2：设计数据记录表。某铸造企业铸件质量（不合格项）调查表见表 6-1。

表 6-1　不合格项调查表

不合格类型	不合格件数	小计
弯曲	正正正正正正正正正正正正正正正正正正正正正	104
擦伤	正正正正正正正正丁	42
砂眼	正正正正	20
断裂	正正	10
污染	正一	6
裂纹	丁	4
其他	正正丁	14
合计		200

步骤 3：按照分类项目进行统计。将数据填入表中并合计。

步骤 4：制作排列图数据表。表中列有各项不合格件数、累计不合格件数、各项不合格件数所占百分比及累计百分比，见表 6-2。

表 6-2　排列图数据表

不合格类型	不合格件数	累计不合格件数	百分比/%	累计百分比/%
弯曲	104	104	52	52
擦伤	42	146	21	73
砂眼	20	166	10	83
断裂	10	176	5	88
污染	6	182	3	91
裂纹	4	186	2	93
其他	14	200	7	100
合计	200		100	

步骤 5：按照数量从大到小的顺序将数据填入数据表中。"其他"项的数据由不常出现项目的数据合并而成，将其列在最后，不必考虑这些数据的大小。

步骤 6：画两根纵轴和一根横轴，左边纵轴，标上不合格件数的刻度，最大刻度为总不合格件数；右边纵轴，标上累计百分比的刻度，最大刻度为 100%。左边不合格件数的刻度与右边百分比的刻度高度相等。在横轴上将不合格件数从大到小依次列出各项。

步骤 7：在横轴上按照不合格件数大小画出矩形，矩形的高度代表各不合格件数的大小。

步骤 8：在每个直方柱右侧上方标上累计百分比；描点后用实线连接，绘制累计百分比折线（帕累托曲线）。

步骤 9：在图上标记出有关必要事项，如数据、主题数据合计数等。

根据数据制作出的不合格项目排列图如图 6-3 所示。

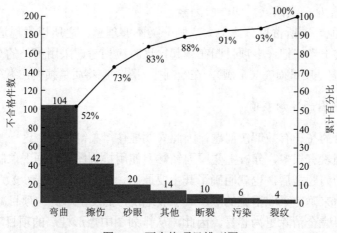

图 6-3　不合格项目排列图

6.2.3　排列图的分类

排列图是用来确定"关键少数"的方法。根据用途，排列图可分为分析现象用的排列图和分析原因用的排列图。

1. 分析现象用的排列图

这种排列图与以下不良结果有关，用来发现问题的主要原因。
1）质量：不合格、故障、用户抱怨，退货、维修等。
2）成本：损失总数、费用等。
3）交货期：存货短缺、付款违约、交货期拖延等。
4）安全：发生事故、出现差错等。

2. 分析原因用的排列图

这种排列图与过程因素有关，用来发现问题的主要原因。
1）操作者班次、组别、年龄、经验、熟练情况及个人自身因素等。
2）机器、设备、工具、模具、仪器等。
3）原材料制造商、工厂、批次、种类等。
4）作业方法、作业环境、工序先后、作业安排等。

6.2.4　排列图的注意事项

1. 制作排列图的注意事项

1）分类方法不同，得到的排列图不同。通过不同的角度观察问题，把握问题的实质，用不同的分类方法进行分类以确定"关键少数"，这也是排列图分析方法的目的。
2）为了抓住"关键少数"，通常在排列图上把累计比率分为三类：0～80%之间的因素为 A 类因素，即主要因素；80%～90%之间的因素为 B 类因素，即次要因素；90%～

100%之间的因素为 C 类因素，即一般因素。

3）若"其他"项所占百分比很大，则分类不够理想。之所以出现这种情况，是因为调查项目分类不当，把许多项目归在一起，这时应当考虑采用另外的分类方法。

4）如果数据是质量损失（金额），在绘制排列图时应将质量损失在纵轴上表示出来。

2. 使用排列图的注意事项

排列图的目的在于有效解决问题，因此只要抓住"关键少数"这一基本点即可。引起质量问题的因素有很多，分析主要原因经常要使用排列图。根据现象制作排列图，在确定需要解决的问题之后，也就明确了其主要原因，这就是"关键少数"。

排列图可用来确定采取措施的顺序。一般地说，把发生率高的项目减少一半要比将发生问题的项目完全消除更为容易。因此，从排列图中矩形柱高的项目着手采取措施，能够事半功倍。

通过对照采取措施前后的排列图研究其各个项目的变化，可以对措施的效果进行验证。利用排列图不仅可以找到一个问题的主要原因，还可以连续使用，找出复杂问题的最终原因。

6.3　矩　阵　图

6.3.1　矩阵图的概念

矩阵图是一种利用多维思考去逐步明确问题的方法，即从问题的各种关系中找出成对要素 $L_1, L_2, \cdots, L_i, \cdots, L_m$ 和 $R_1, R_2, \cdots, R_j, \cdots, R_n$，采用数学上矩阵的形式将其排成行和列，并在其交点位置处标示 L 和 R 各因素之间的相互关系，从中确定关键点的方法。

在分析质量问题原因、整理用户需求、分解质量目标时，将质量问题、用户需求、质量目标（设为 L）列在矩阵图的左侧，将质量问题的原因、由用户需求转化而来的质量目标或针对质量目标提出的质量措施（设为 R）列在矩阵图的上方，并用不同符号表示它们之间的强弱关系，通常用◎表示关系密切，用○表示有关系，用△表示可能有关系，如图 6-4 所示。通过在交点位置处给出的行与列对应要素关系及关系程序，可从二元关

		R					
		R_1	R_2	...	R_j	...	R_n
L	L_1						◎
	L_2		○	◎			○
	⋮						
	L_i				○		△
	⋮				着眼点		
	L_m		△		◎		○

图 6-4　矩阵图示例

系中探讨问题所在和问题的形态，并找到解决问题的思想。在寻求解决问题的手段时，若目的或结果能够展开为一元性手段或原因，则可采用树图法。然而，若有两种以上的目的或结果，则其展开后采用矩阵图法较为合适。

6.3.2　矩阵图的分类

按照矩阵图的型式可将其分为 L 型、T 型、X 型和 Y 型四种类型，如图 6-5 所示。

因素X ＼ 因素Y	因素 Y_1	因素 Y_2	因素 Y_3	因素 Y_4	因素 Y_5	因素 Y_6	因素 Y_7	因素 Y_8	因素 Y_9	因素 Y_{10}
因素 X_1										
因素 X_2										
因素 X_3										
因素 X_4										
因素 X_5										
因素 X_6										
因素 X_7										

（a）L 型矩阵图

因素 A_4											
因素 A_3											
因素 A_2											
因素 A_1											
因素 A_0											
因素C ＼因素A／ 因素B	因素 C_0	因素 C_1	因素 C_2	因素 C_3	因素 C_4	因素 C_5	因素 C_6	因素 C_7	因素 C_8	因素 C_9	因素 C_{10}
因素 B_0											
因素 B_1											
因素 B_2											
因素 B_3											
因素 B_4											

（b）T 型矩阵图

图 6-5　矩阵图的类型

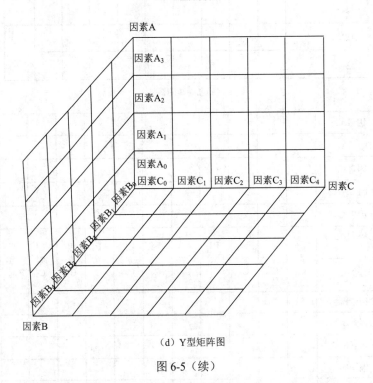

（c）X型矩阵图

（d）Y型矩阵图

图 6-5（续）

1）L 型矩阵图是一种最基本的矩阵图，它是由 A 类因素和 B 类因素二元配置组成的矩阵图。这种矩阵图适用于把若干个目的和为了实现这些目的的手段、若干个结果及其原因之间的关系表示出来。

2）T 型矩阵图是将由 C 类因素和 B 类因素组成的 L 型矩阵图和由 C 类因素和 A 类因素组成的 L 型矩阵图组合在一起的矩阵图，即表示 C 类因素分别与 B 类因素和 A 类因素相对应的矩阵图。

3）X 型矩阵图是将由 A 类因素和 C 类因素、C 类因素和 B 类因素、B 类因素和 D 类因素，D 类因素和 A 类因素组成的 L 型矩阵图组合在一起的矩阵图，即表示 A 类因素和 C 类因素、D 类因素，C 类因素和 A 类因素、B 类因素，B 类因素和 C 类因素、D 类因素，D 类因素和 A 类因素、B 类因素四组因素分别对应的矩阵图。

4）Y 型矩阵图是由 A 类因素和 B 类因素、B 类因素和 C 类因素、C 类因素和 A 类因素组成三个 L 型矩阵图，即表示 A 类因素和 B 类因素、B 类因素和 C 类因素、C 类因素和 A 类因素三组因素分别对应的矩阵图。

除以上介绍的四种矩阵图外，还有一种三维立体 C 型矩阵图，在实际使用过程中，通常将其分解成三张 L 型矩阵图联合分析。

6.4　流　程　图

流程图是用来表示某个活动中各个步骤之间关系的图形。在实际应用中，流程图有很多种。例如，《信息处理—数据流程图、程序流程图、系统流程图、程序网络图和系统资源图的文件编制符号及约定》（GB/T 1526—1989）对程序流程图、数据流程图、系统流程图、程序网络图、系统资源图等进行了规定。在质量管理中常用到程序流程图，特别是在企业编制的各类《质量手册》和《程序文件》中都会用到程序流程图。程序流程图的常用符号如图 6-6 所示。

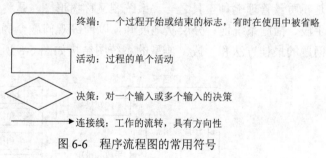

图 6-6　程序流程图的常用符号

程序流程图主要用于描述一系列相互关联活动的相互关系，绘制此类流程图的基本步骤如下。

步骤 1：首先确定流程图所要分析过程的开始点和结束点。很多时候流程图有许多分支过程，造成分支流程图中的过程并非只有一个起点，要注意分析并确定所有起点，即确定流程图所要分析过程的边界。

步骤 2：在边界范围内分析各项操作或过程的顺序和特性，明确一般处理过程、决策过程、决策的各个分支、某个活动的前步活动和后续活动等。

步骤 3：用草图将以上分析结果表示出来。

步骤 4：依据草图调整流程图中各个元素放置的位置，正确使用标准化符号，最终完成流程图绘制。

故障分析流程图如图 6-7 所示。

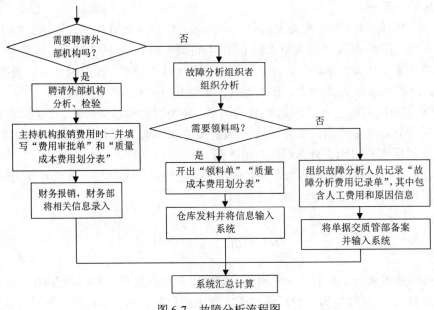

图 6-7　故障分析流程图

6.5　系　统　图

系统图是新质量管理七种工具之一。系统图又称树形图，是将要达到的目的、目标所需使用的手段、措施系统地、分层次地展开，以便纵观问题全局、明确重点，从而方便寻找解决问题的最佳方法和手段。典型的系统图结构如图 6-8 所示。

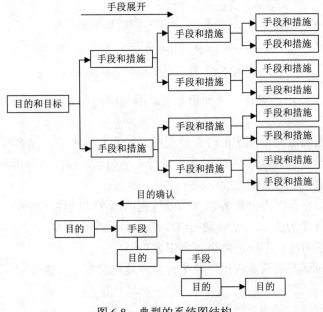

图 6-8　典型的系统图结构

通常为达到一个特定的目的需要采用一定的手段和方法，这种手段和方法又会形成下一层次需要实现的目的，这样逐层分解并最终得到一个为实现某种目的而需要实现的目标链——措施链。此时再从最后一层开始向前查看，就可以得到实现最终目的的实施步骤。

系统图的应用范围很广，只要涉及目的展开和措施分解的项目都可以应用系统图法。例如，目标、方针及项目实施方案的展开；降低缺陷、不良品率策略的展开；提升部门、流程运营效率方法的展开；解决用户抱怨的目标展开；新产品功能实现的展开等。

图 6-9 所示为一个系统图示例。在这个系统图中，绘图者分析的问题是"如何降低企业的用户抱怨"。经过逐层分解，最终获得六个解决问题的主要方法。

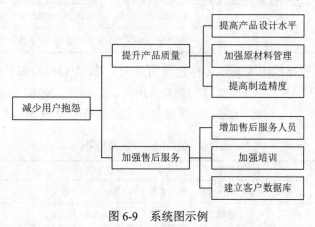

图 6-9　系统图示例

6.6　故障树分析

6.6.1　故障树分析概述

故障树分析（fault tree analysis, FTA）是一种运用演绎推理的定性或定量风险分析方法，将系统的某种故障作为分析目标，通过自上而下分析系统故障因果关系，寻找引起顶事件发生的根本原因。故障树分析是从顶事件开始逐级向下层层分析各自的直接原因事件，一直分析到不能再分解，并将导致故障的原因事件按照因果逻辑关系逐层列出，然后用逻辑门符号连接上下事件，再用树状图表示出来，最后得到一种故障树逻辑模型。对这种故障树模型进行简化，并进行定性或定量风险分析，可以找出故障发生的可能原因和系统设计中的潜在薄弱环节。计算故障发生概率，并有针对性地提出避免事故发生的方案和措施。故障树是一种用来描述系统组成部分的故障与系统顶事件发生之间因果关系的逻辑框图，其构成基本元素是事件和逻辑门。

1. 常用故障树术语

在故障树中，事件用来描述元部件和系统故障的状态。故障树常用事件定义及其符号见表 6-3。

表 6-3　故障树常用事件及其符号

符号	名称	定义
○	基本事件 （底事件）	位于故障树的底端且不会进一步向下发展的事件，这类事件总是连接某一个逻辑门，并作为该逻辑门的输入事件
▭	顶事件	位于故障树的顶端，是系统中不希望发生的事件，它是逻辑门的输出事件，而不是任何逻辑门的输入事件
▯	中间事件	位于故障树的底事件和顶事件之间，它可以同时作为逻辑门的输入事件和输出事件。除了顶事件，故障树中所有的结果事件都可称作中间事件
◇	未展开事件	也可称作非基本事件。它表示故障树中的未展开事件或者准底事件，这类事件虽然也可能发生，但其发生概率较小，不需要做出进一步分析
△	出三角形	位于故障树的顶端，表示该部分是位于别处的子故障树
▽	入三角形	位于故障树的底部，表示该部分故障树分支在别处

在故障树中，逻辑门用来表示事件之间的逻辑关系，逻辑门与事件一起构成故障树。在所有逻辑门中，"与门"和"或门"是最常用的，因而在某种程度上其他类型的逻辑门都可以简化为"与门"或"或门"。逻辑门定义及其符号见表 6-4。

表 6-4　逻辑门定义及其符号

符号	名称	定义
⌂	与门	表示仅当逻辑门的所有输入事件都发生时，输出事件才会发生
⌂	或门	表示至少有一个逻辑门的输入事件发生时，输出事件才会发生
⊸	禁止门	输出事件在输入事件达到规定条件时发生，未达到规定条件时输出事件不会发生
⌂	异或门	表示"或门"中的输入事件相互之间是排斥的，当仅有一个输入事件发生时输出事件才会发生

2. 故障树分析的特点

故障树分析的相关应用越来越广泛，其特点具体如下。

（1）一目了然、直观形象

故障树分析研究的对象与范围都有明确界定，因而在清晰的故障树图形下可以准确指出系统内部故障之间的逻辑关系，并了解需要改进的部分及其关系。区别于其他质量管理分析法，通过故障树能够直观、形象地了解系统故障问题，并且能够全面查清造成故障的原因，判断系统薄弱环节，从而可以更好地分析问题并及时实施改进措施。

（2）应用灵活

故障树分析将系统的故障与子系统的故障有机联系在一起，只要了解子系统的故障，就能通过系统的故障程度找出全部可能的故障状态。故障树分析不仅能对系统进行一般性分析，还可以分析子系统的各种故障状态。

（3）可计算化

故障树分析可以应用于系统生命周期的整个发展过程。在系统设计初始阶段，故障树分析能够帮助设计师做出初步判断，找到系统薄弱环节，并利用计算机辅助计算，从而为后面的设计采取更有效的改进措施，最终保证系统运行更加稳定。

6.6.2　故障树分析步骤

故障树分析是把系统故障状态作为故障树的顶事件，用一些规定的逻辑符号表示，一层层分析并找出可能导致顶事件发生的直接因素，直到找出故障问题的根本原因，也就是故障树的底事件。构建故障树一般有以下几个步骤。

步骤 1：收集系统故障资料，包括运行资料、流程图及描述系统运行状态的技术数据，并分析系统结构及工作原理。

步骤 2：选择对系统可靠性和安全性影响显著的故障作为顶事件。

步骤 3：寻找引起该顶事件的直接原因，可将该顶事件作为输出事件，将所有直接原因作为输入事件，并查阅资料，用适当的逻辑门将其连接。

步骤 4：逐级分解输入事件，直到输入事件不能再继续分解。

步骤 5：分析故障树结构，根据系统特点和实际需求对已经建造的故障树进行适当合理的简化。

依次执行上述步骤可以建立一个倒置的树状逻辑图，即故障树。在建立故障树分析模型后，即可进行故障树的定性分析和定量分析。

6.6.3　故障树定性分析

在故障树生成后，首先要进行定性分析。定性分析的目的是寻找导致顶事件发生的故障原因组合，其实质是寻找故障树的最小割集以判断故障所在，以便对故障问题实施改进措施。

割集是指故障树中一些底事件的集合，当底事件发生时，顶事件必然发生。对于故障树定性分析而言，寻找最小割集是比较重要的，只要找到最小割集就可以分析出系统的薄弱环节，继而可以帮助故障树设计者对故障树进行准确诊断。求解故障树最小割集的方法有多种，常用的方法有下行法和上行法。

1. 下行法

根据故障树的系统结构，以顶事件为起点，按照从上到下的顺序逐级寻查以找出割集。下行法的主要方式是：从顶事件开始，由上到下按照层级用输入事件置换表中的输出事件，遇到"与门"将输入事件并排写在同一行，遇到"或门"将输入事件写入不同列，直到最后一列的每一行都是故障树的割集。然后对求解出的割集进行比较，舍去重复且包含的割集，剩下的割集就是故障树的最小割集。

2. 上行法

上行法是以故障树的底事件为基本出发点，自下而上逐个对事件进行运算。在该过程中主要按照布尔代数的幂等律、吸收律进行化简，将顶事件表示为各底事件相乘或者相加的得数，要求最后得数是最简化形式。同时，故障树的最小割集都有其对应的积项，也可以理解为所有的积项就是所有的最小割集。

6.6.4 故障树定量分析

故障树的定量分析主要包括以下几项内容：对顶事件、底事件发生的概率进行求解；求解各个底事件的重要度；对各个重要度进行分析，改进质量问题并实施相关措施。其中，重要度分析是故障树定量分析中最关键的分析，可以分析并识别出系统的薄弱环节，有助于系统结构的质量改进。重要度是指系统的割集或者任何一个底事件发生时对系统顶事件发生概率的贡献，它是系统内部各组成部分的一种度量。底事件的重要度越大，说明该事件在系统中所处的环节越薄弱，同时也反映出其在系统中的重要性就越高。

对故障树进行定量分析时经常用到布尔代数运算，其运算法则见表6-5。

表6-5　布尔代数运算法则

序号	名称	公式
1	结合律	$(a+b)+c=a+(b+c)$ $(a\times b)\times c=a\times(b\times c)$
2	交换律	$a+b=b+a,\ a\times b=b\times a$
3	分配律	$a\times(b+c)=(a\times b)+(a\times c)$ $a+(b\times c)=(a+b)\times(a+c)$
4	吸收律	$a+a\times b=a,\ a\times(a+b)=a$
5	幂等律	$a+a=a,\ a\times a=a$
6	反演律	$(a+b)'=a'\times b'$ $(a\times b)'=a'+b'$
7	双重否定律	$(a')'=a$
8	互补律	$a+a'=1,\ a\times a'=0$

步骤1：求解顶事件发生概率，其计算公式如下：

$$Q(T)=1-\prod_{i=1}^{n}(1-q_i) \tag{6-1}$$

式中，$Q(T)$表示顶事件发生概率；q_i表示事件概率。

步骤2：求解底事件的重要度。

1. 结构重要度

在故障树分析法中，底事件对顶事件的逻辑关系随故障树的建立而确定。在故障树中，基本事件对顶事件发生的影响程度即为底事件的结构重要度。其计算公式如下：

$$I_{\Phi}^{st}=\frac{n_{\Phi}(i)}{2^{n-1}} \tag{6-2}$$

式中，I_{Φ}^{st}表示第i个底事件的结构重要性；n表示系统故障树中底事件的数量；$n_{\Phi}(i)$表示第i个底事件故障变化为正常时的状态。

2. 概率重要度

结构重要度是从基本结构上分析事件的重要程度，概率重要度是指基本事件发生概率的变化对顶事件发生概率的影响。底事件概率重要度计算公式如下：

$$I_i^{P_r}(T) = \frac{\partial g(Q(T))}{\partial Q_i(T)} = g(1_i, Q(T)) - g(0_i, Q(T)) \tag{6-3}$$

式中，$I_i^{P_r}(T)$ 表示第 i 个底事件的概率重要度；$Q(T)$ 表示顶事件发生的概率；$Q_i(T)$ 表示顶事件 i 发生的概率；$g(1_i, Q(T))$ 表示底事件发生时顶事件发生的概率；$g(0_i, Q(T))$ 表示底事件不发生时顶事件发生的概率。

利用顶事件概率函数是多重线性函数的特性，只要对自变量求一次偏导数，就可以求出事件的概率重要度。

3. 关键重要度

关键重要度又称临界重要度，通常用基本事件发生概率的相对变化率与顶事件发生概率的相对变化率之比来表示。关键重要度是从自身发生概率的大小和敏感性双重角度去量化基本事件的重要程度，其计算公式如下：

$$I_i^{C_r}(T) = \lim_{\Delta Q_i(T) \to 0} \frac{\dfrac{\Delta g(Q_i(T))}{g(Q_i(T))}}{\dfrac{\Delta Q_i(T)}{Q_i(T)}} = \frac{Q_i(T)}{g(T)} \frac{\partial g(Q_i(T))}{\partial Q_i(T)} = \frac{Q_i(T)}{g(T)} I_i^{P_r}(T) \tag{6-4}$$

式中，$I_i^{C_r}(T)$ 表示第 i 个底事件的关键重要度；$g(Q_i(T))$ 表示基本事件发生的概率；$\Delta g(Q_i(T))$ 表示基本事件发生概率的变化量；$Q_i(T)$ 表示顶事件 i 发生的概率；$\Delta Q_i(T)$ 表示顶事件发生概率的变化量；$g(T)$ 表示顶事件发生的概率；$I_i^{P_r}(T)$ 表示第 i 个底事件的概率重要度。

在进行故障树定性分析或定量分析后，即可针对已找出的系统薄弱环节进行优化，并制定可以提高系统安全性或可靠性的方案和改进措施。故障树分析流程如图 6-10 所示。

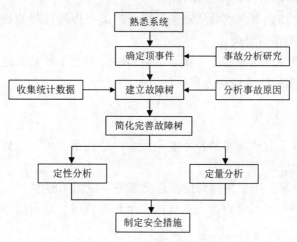

图 6-10 故障树分析流程

6.7 事件树分析

6.7.1 事件树分析概述

事件树分析（event tree analysis，ETA）源于决策树分析，它在给定一个初因事件的前提下分析此初因事件可能导致的各种事件序列的结果，从而定性和定量地评价系统的可靠性与安全性。也可以说，它是一种按照事故发展的时间顺序由初始事件开始推论可能的后果，从而进行危险源辨识的方法。通常一起事故的发生是许多原因事件相继发生的结果，其中一些事件的发生是以另一些事件首先发生为条件的，而一个事件的出现又会引起另一些事件的出现。在事件发生的顺序上存在着因果逻辑关系。事件树分析法是一种时序逻辑事故分析方法。它以一个初始事件为起点，按照事故的发展顺序分阶段逐步进行分析，每个事件可能的后续事件只能按照选取完全对立的两种状态（成功或失败，正常或故障，安全或危险等）之一的原则逐步向结果发展，直至发生系统故障或事故。它既可以定性了解整个事件的动态变化过程，又可以定量计算出各阶段事故发生的概率，从而最终确定事故发展过程中各种状态的发生概率。

6.7.2 事件树分析特点及作用

1. 事件树分析法的基本特点

1）功能的独特性。在安全管理上用事件树分析法对重大问题进行决策，具有其他方法所不具备的优势。

2）成本的经济性。事件树分析可以事前预测事故及不安全因素，估计事故的可能后果，寻求最经济的事故预防手段和方法。

3）作用的多样性。事件树分析法的分析资料既可作为直观的安全教育资料，也可用作推测类似事故的预防对策。

4）使用的便捷性。当积累了大量事故资料时，可利用计算机进行事故模拟，从而使事件树分析法对事故的预测更为有效。

2. 事件树分析的作用

1）事件树可以事前预测事故及不安全因素，估计事故的可能后果，寻求最经济的事故预防手段和方法。

2）在事故发生后，用事件树分析法总结其发生原因简洁明了。

3）事件树的分析资料既可作为直观的安全教育资料，也可用作推测类似事故的预防对策。

4）在积累了大量事故资料后，可以用计算机对事故进行模拟。

6.7.3 事件树定性分析

事件树定性分析在描述事件树阶段就开始了，因而描述事件树要根据事件的客观情况与特点进行合理的逻辑判断，并通过与事件相关的技术理论明确事件发生的可能性。因此，在描述事件树阶段就要对各个发展过程与事件发展路径进行可能性研究。在事件树绘制完成后，就要探索形成事故的路径与分类及预防事故的方法。

1. 找出事故连锁

事件树的每个分枝其实都说明了若原始事件形成则可能出现的发展路径，而且最后造成事故的路径即事故连锁。通常来说，造成系统事故的路径并不少，因而有很多事故连锁。事故连锁内涉及的原始事件与安全性能障碍的后续事件之间也体现了"逻辑与"的内在联系。显然，事故连锁不断增加，系统危险度就会提高；事故连锁内事件树越少，系统安全风险就会越大。

2. 找出预防事故的路径

事件树内最后确保安全的路径引导人们选择方法来避免事故的出现。在实现安全的路径中，由发挥安全性能的事件组成事件树的成功连锁。如果可以确保此安全性能有效地发挥功能，则能避免事故的出现。通常来看，事件树内涉及的成功连锁数量并不少，因而能够利用一些方法来避免事故的形成。显然，成功连锁现象越频繁，系统安全系数就会提高；成功连锁内事件树减少，系统安全系数就会增加。事件树能够表明事件排序，因此需要最大程度地由最先发挥作用的安全性能开始。

6.7.4 事件树定量分析

事件树定量分析是按照各个事件的形成率计算出各类路径的事故形成率，按照每个路径概率高低对事故形成的可能性进行排序，从而明确最容易形成事故的路径。通常来说，若每个事件间相互独立统计，则其定量分析不复杂；若事件间相互统计不独立（共同问题或障碍、排序运行等），则其定量分析非常烦琐。本书仅讨论前一种情况。

步骤 1：计算各发展路径的概率。每个发展路径的概率是从原始事件之后的每个事件形成概率的乘积。

步骤 2：计算事故发生概率。在事件树定量分析过程中，事故形成概率是指造成事故的每个发展路径的概率之和。定量分析要将事件概率信息当作核算基础，并且事件过程状况多样化，通常会由于事件概率信息不足而无法顺利完成定量分析。

步骤 3：事故预防。事件树分析将事故的形成发展过程表述得清晰而有条理，为设计事故预防方案、构建事故预防机制奠定基础。

从事件树上可以看出，最后的事故是一系列危害和危险的发展结果，如果中断这种发展过程就可以避免事故发生。因此，在事故发展过程的各阶段，应当采取各种可能措施控制事件的可能性状态，减少危害状态出现的概率，增大安全状态出现的概率，把事件发展过程引向安全发展路径。

采取在事件不同发展阶段阻截事件向危险状态转化的措施，最好在事件发展前期过程实现，从而产生阻截多种事故发生的效果。因为有时技术经济等原因无法控制，所以需要在事件发展后期过程采取控制措施。

6.7.5　事件树分析流程

（1）确定初始事件

初始事件是事故在未发生时，其发展过程中的危害事件或危险事件，如机器故障、设备损坏、能量外逸或失控、人的误动作等。事件树分析是一种系统地研究作为危险源的初始事件如何与后续事件形成时序逻辑关系而最终导致事故发生的方法。正确选择初始事件十分重要。

（2）判定安全功能

系统中包含许多安全功能，在初始事件发生时消除或减轻其影响以维持系统安全运行。

（3）绘制事件树

从初始事件开始，按照事件发展过程自左向右绘制事件树，用树枝代表事件发展路径。首先考察初始事件发生时最先起作用的安全功能，把可以发挥功能的状态画在上面的分枝，把不能发挥功能的状态画在下面的分枝。然后依次考察各种安全功能的两种可能状态，把发挥功能的状态（成功状态）画在上面的分枝，把不能发挥功能的状态（失败状态）画在下面的分枝，直到发生系统故障或事故。

（4）简化事件树

在绘制事件树的过程中可能会遇到一些与初始事件或与事故无关的安全功能，或者其功能关系相互矛盾、不协调的情况，这时需要用工程知识和系统设计知识予以识别，然后将其从树枝中去掉，即构成简化事件树。在绘制事件树时，要在每个树枝上写出事件状态，树枝横线上面写明事件过程内容特征，树枝横线下面注明成功状态或失败状态。

6.8　六西格玛管理

六西格玛管理是一种旨在持续改进产品、过程和服务质量，实现客户满意的管理方法。它通过系统地、集成地采用质量改进流程，实现无缺陷的过程设计，并对现有过程进行过程定义、测量、分析、改进和评价，消除过程缺陷和无价值作业，从而提高质量和服务、降低成本、缩短运转周期，达到客户完全满意、增强企业竞争力的目的。

6.8.1　必要资源

在六西格玛管理系统的实施过程中，必须有适当的人选去落实，才能取得积极的成果。一些公司在实施六西格玛管理系统的过程中取得成功，主要是因为该公司能够指派专人全职负责推行六西格玛管理系统，并成立了项目小组。对于规模较小的公司，由于资源限制，可以适当简化项目小组结构。对于主题范围较广的项目，必须配备额外的资源（人员）。为保证项目小组的成果具有意义和价值，小组成员资源调配应与项目的战略目标保持一致。高级管理层应对项目小组的工作予以全力支持，并将资源分配给优先项目。

其他注意事项包括以客户为焦点；建立战略目标；强调测量的重要性；建立拥护变革和创新的企业文化；高级管理层与企业员工之间的有效沟通及分享成功经验等。

总体来讲，成功实施六西格玛改善方案的企业可以取得以下效益：减少不良品、降低作业周期、降低成本、提高生产力、培养忠诚客户、增加市场份额、提高企业利润等。

6.8.2 关键角色

六西格玛管理要以一定的组织架构来运行和实施。在这个组织架构中有以下关键角色：六西格玛领航员、黑带大师、黑带和绿带等。

六西格玛领航员是企业六西格玛管理中的一个关键角色，他们是六西格玛管理策划与推进工作的负责人，负责构建六西格玛管理基础，把握六西格玛项目的总体方向，消除组织障碍，沟通和协调六西格玛推进工作。

黑带大师是六西格玛推进工作中的另一个关键角色，也称黑带主管。一般来说，他们是六西格玛管理专家，在六西格玛管理中起承上启下作用，具体表现在两个方面：①为领航员们提供六西格玛策划和推进方面的咨询意见，为六西格玛管理在本企业的组织与实施提供指导。②为黑带和绿带的工作提供技术支持，其中包括对黑带和绿带进行六西格玛方法培训，指导其完成六西格玛项目等。近年来，在一些企业中黑带大师的职能也发生了某些变化，从纯粹的技术性工作转变为管理角色，其主要任务是协助领航员开展六西格玛项目推进工作和对黑带进行管理。

在六西格玛管理中，黑带是六西格玛项目的领导者，接受过严格的六西格玛方法培训，同时拥有成功完成六西格玛项目的能力和经验。他们负责带领六西格玛项目团队"走过"完整的六西格玛改进流程或六西格玛设计流程，实现六西格玛项目的预定目标，并为企业获得一定的收益。在许多成功实施六西格玛管理的企业中，黑带是专职的，他们通常是企业最优秀的人才，来自企业的各个部门，有着良好的工作业绩和经验，具有组织与管理的才能或潜质。他们在被抽调出来担当专职六西格玛角色后，将全力以赴地投入六西格玛项目工作。在通用电气公司，黑带任职期限一般为两年；在任职期间，黑带们每年都要完成一定数量的六西格玛项目，每名黑带每年要领导 3～5 个六西格玛项目团队，每年要为企业带来 100 万美元以上的收益。

绿带是企业中经过六西格玛管理方法培训、结合自己本职工作完成六西格玛项目的人员。他们既可以是黑带领导的项目团队成员，也可以是结合自己本职工作的范围较小的六西格玛项目的负责人。他们一般不脱产，一边工作一边完成六西格玛项目。

在六西格玛管理中，还有一些人需要参与六西格玛项目工作，或需要为六西格玛项目的实施提供资源和管理协调。例如，六西格玛项目的保证人、过程所有人等。六西格玛管理中各关键角色及其职责见表 6-6。

表 6-6 六西格玛管理中的关键角色及其职责

最高管理团队	领航员
• 建立组织的六西格玛管理愿景 • 确定组织的战略目标和组织业绩的度量系统 • 确定组织的经营重点 • 在组织中建立促进应用六西格玛管理方法与工具的环境	• 负责六西格玛管理在组织中的部署 • 构建六西格玛管理基础 • 向企业最高管理者和最高管理团队报告六西格玛管理工作的进展 • 负责六西格玛管理实施中的沟通与协调
黑带大师	黑带
• 对六西格玛管理理念和技术方法有较深的了解与体验，并将其传递到组织中来 • 培训黑带和绿带，确保他们掌握了适用的工具和方法 • 为黑带和绿带的六西格玛项目提供指导 • 协调和指导跨职能的六西格玛项目 • 协助领航员和管理层选择和管理六西格玛项目	• 领导六西格玛项目团队，实施并完成六西格玛项目 • 向团队成员提供适用的工具与方法的培训 • 识别过程改进机会并选择最有效的工具和技术实现改进 • 向团队传达六西格玛管理理念，建立对六西格玛管理的共识 • 向领航员和管理层报告六西格玛项目的进展 • 将通过项目实施获得的知识传递给组织的其他黑带 • 为绿带提供项目指导
绿带	六西格玛项目团队
六西格玛绿带是组织中经过六西格玛管理方法与工具培训、结合自己本职工作完成六西格玛项目的人员。他们是黑带领导的项目团队成员，或者是结合自己本职工作的范围较小的六西格玛项目的负责人	六西格玛项目通常是通过团队合作完成的。项目团队由项目所涉及的有关职能（技术、生产、工程、采购、销售、财务、管理等）人员构成，一般由3~10人组成，并且应当包括对所改进过程负有管理职责的人员和财务人员
项目保证人	过程所有人
六西格玛项目所在部门的负责人。他有权在所辖部门内调动资源，为六西格玛项目提供必要的资源支持，并协助项目实施	六西格玛项目改进或建立过程的负责人。在六西格玛项目完成后，他将负责过程操作或运行

复习与思考

1. 什么是因果图？其主要作用是什么？
2. 什么是排列图？其主要作用是什么？
3. 如何充分发挥排列图的管理功能？
4. 以具体案例说明如何应用质量功能展开方法。
5. 什么是六西格玛质量管理？六西格玛质量管理有哪些基本原则？
6. 故障树分析与事故树分析有何区别？
7. 如何理解事故树分析法的适用范围？

第7章
FMECA 方法

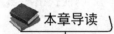 本章导读

　　故障模式、效应及危害性分析（failure mode effect and criticality analysis，FMECA）是分析系统内所有潜在故障模式，确定每种故障模式对系统产生的影响，并按故障模式的严重度及其发生概率确定危害性。FMECA 由 FMEA 和危害性分析（criticality analysis，CA）组成，是可靠性分析的重要工具之一。本章首先介绍 FMECA 的基本概念、目的及作用；其次，介绍危害性分析表、危害性矩阵图的形式和内容，并对风险优先数方法进行阐述；再次，详细介绍 FMECA 基本步骤，并对 FMECA 的输入、编制 FMECA 计划、确定分析前提、FMECA 报告编写、FMECA 实施的注意事项、FMECA 工作要点进行描述；最后，对 FMECA 的应用进行讨论，并给出拖拉机液压系统的应用案例。

7.1　FMECA 概述

7.1.1　FMECA 的基本概念

　　FMECA 定义为"在系统设计过程中，通过对系统各组成单元潜在的各种故障模式及其对系统功能的影响与产生后果的严重程度进行分析，提出可能采取的预防改进措施以提高产品可靠性的一种分析方法"。故障模式是故障的表现形式。故障效应是指故障模式对本单元和整个系统的影响。故障危害度是指故障后果的严重程度。FMECA 由 FMEA 和 CA 两部分组成，即在 FMEA 的基础上增加了 CA。CA 是对 FMEA 的补充和拓展，只有进行 FMEA，才能进行 CA。

　　FMECA 工作可分为进行 FMEA 和进行 CA 两大步骤。前者既可采用"自下而上"的逻辑归纳法，也可采用"自上而下"的功能法，其目的是分析、了解影响系统功能的关键性零部件的故障情况，以便采取措施改进设计。这种故障分析方法能够较为准确地描述系统与组成系统的各单元之间的逻辑关系，并判断功能单元故障对系统的影响程度。后者是在前者基础上的拓展与深化，必须依据一定的数据使风险分析量化。FMECA

是产品可靠性分析的重要工作项目，也是开展维修性分析、安全性分析、测试性分析和保障性分析的基础。

广义上讲，FMECA 是一种事前预防性的以非预期不良现象为出发点的反向思维方式，它既适用于一个产品，也适用于一件事项。设计、生产、服务等工作均可应用 FMECA。在某些情况下，人也可作为 FMECA 的分析对象，如分析人的操作差错等。

7.1.2　FMECA 的目的和作用

一般来说，FMECA 的目的是通过系统分析确定元器件、零部件、设备、软件在设计和制造过程中所有可能的故障模式，以及每一故障模式的原因及影响，以便找出潜在的薄弱环节，并提出改进措施。

FMECA 在产品生产过程的不同阶段存在多种不同的方法类别。在方案阶段，FMECA 主要是分析产品功能设计上的缺陷和薄弱环节，为设计改进提供依据；在工程研制与定型阶段，FMECA 主要是分析产品硬件、软件、生产工艺等的缺陷和薄弱环节，为改进提供依据；在生产阶段，FMECA 主要是分析产品工艺上的缺陷和薄弱环节，为改进提供依据；在使用阶段，FMECA 主要是分析产品使用过程中可能或实际发生的故障、原因及影响，为提供产品使用可靠性和进行产品改造、维修等提供依据。虽然各个阶段的方法和目的侧重不同，但总的来说，FMECA 是分析研究工业活动中产品的缺陷和薄弱环节，并通过有效的改进措施提高系统的可靠性。

FMECA 由 FMEA 和 CA 两部分构成。FMEA 和 CA 的目的与作用见表 7-1。

表 7-1　FMEA 和 CA 的目的与作用

项目	目的	作用
FMEA	分析产品中每个潜在的故障模式及其对产品造成的可能影响，并将每个潜在故障模式按照它的严重度予以分类	① 定性地找出产品所有可能的故障模式及其影响，进而采取相应的改进或补偿措施； ② 为制定关键项目和严重度为灾难的（Ⅰ类）或致命的（Ⅱ类）的单点故障等清单或可靠性控制提供定性依据； ③ 为可靠性、维修性、测试性、保障性、安全性提供定性依据； ④ 为制定试验大纲提供定性信息； ⑤ 为确定更换有寿件、元器件清单提供可靠性设计与分析的定性信息； ⑥ 为确定需要重点控制质量及工艺的薄弱环节清单提供定性信息； ⑦ 可以及早发现设计、工艺中的各种缺陷
CA	按照每个故障模式的严重度及其发生概率所产生的综合影响进行分类	① 主要从风险分析的角度对 FMEA 进行补充、拓展； ② 既可定性 CA，又可定量 CA

7.2　FMECA 方法

FMEA 和 CA 共同组成了 FMECA，两者相辅相成、缺一不可，只有两者均进行才能代表全面完成了 FMECA 工作。CA 的内容是根据每一个故障模式所造成后果的严重度及故障模式发生的可能性对其进行综合度量。通过 CA 可以得到关于故障情况更详细的信息，从而为设计决策提供更具体的数据依据。CA 结果应当随着工程研制进展不断更新。只有在 FMEA 对故障模式影响进行评价之后，CA 才能完成。对于同一产品层次的分析，CA 结果应与 FMEA 结果相对应。FMEA 工作记录中的信息，如识别号码、产品功能、故障模式和原因、任务阶段及严重度分类等，可以直接作为 CA 工作的相关信息加以记录。

在进行 CA 分析时，可以使用定性分析法和定量分析法。分析人员应当根据分析的产品层次和可获得的故障率数据决定所需使用的分析方法。定量 CA 是使用产品具体数据计算危害性数值的分析方法。用定量分析法进行 CA，需要各个层次产品的故障率数据。故障率数据可以通过多种渠道获得。当不能获得准确的产品故障率数据时，故障模式发生的可能性可以根据预先定义的级别进行定性描述，即进行 CA 的定性分析。此时，故障发生可能性等级的划分必须根据分析人员对故障模式发生频率的判断加以确定，并明确描述。分析人员应当侧重分析会造成严重影响的故障。故障发生可能性等级划分应随着系统设计成熟过程进行修改；当可以获得有效的故障率数据时，应该进行定量分析以得到更准确、具体的危害性数值。常用的 CA 分析工具有危害性分析表、危害性矩阵及风险优先数方法。危害性矩阵主要用于航空、航天等领域，风险优先数方法主要用于汽车等领域。

7.2.1　危害性分析表的形式和内容

设计分析使用的典型功能和硬件的危害性分析表见表 7-2。

表 7-2　危害性分析表

初始约定层次产品＿＿＿＿　　任务＿＿＿＿＿＿＿＿　　审核＿＿＿＿＿＿＿＿　　第＿＿＿页　共＿＿＿页
约定层次产品＿＿＿＿＿＿＿　分析人员＿＿＿＿＿＿　批准＿＿＿＿＿＿＿＿　　填表日期＿＿＿＿＿＿＿＿

代码	产品/功能标志	功能	故障模式	故障原因	任务阶段与工作方式	严重度类别	故障模式概率等级或故障数据源	故障率 λ_p /(1/h)	故障模式频数比 a_j	故障影响概率 β_j	工作时间 t/h	故障模式危害度 C_{mj}	产品危害度 C_r	备注

由表可知，表头及表格前七栏的内容与 FMEA 表相同。在定性 CA 时，由于没有故障率数据，在第八栏"故障模式概率等级或故障率数据源"中只能填写故障模式概率等级。通常，按照故障模式概率与产品在该期间总的故障概率的百分比，可把故障模式发生概率大小分为五个等级（表 7-3）。

表 7-3　故障模式发生概率的等级划分

等级	发生频率
A 级（经常发生）	在产品工作期间，某一故障模式发生概率大于产品在该期间总故障概率的 20%
B 级（有时发生）	在产品工作期间，某一故障模式发生概率大于产品在该期间总故障概率的 10%，小于 20%
C 级（偶然发生）	在产品工作期间，某一故障模式发生概率大于产品在该期间总故障概率的 1%，小于 10%
D 级（很少发生）	在产品工作期间，某一故障模式发生概率大于产品在该期间总故障概率的 0.1%，小于 1%
E 级（极少发生）	某一故障模式发生概率小于产品在该期间总故障概率的 0.1%

在进行定量 CA 时需要填写 CA 表中下列内容。

1）故障率 λ_p——产品在任务阶段中、工作状态下的故障率。

2）故障模式频数比 α_j——产品第 j 个故障模式发生概率与该产品全部故障发生概率之比，一般可以通过统计、试验、预测等方法获得。

3）故障影响概率 β_j——假定产品第 j 个故障模式已发生，其故障影响导致初始约定层次出现某严重度类别后果的条件概率；其度量一般分为"必然""很可能""有可能""不能"四种情况，每种情况可对应给出一个 β 数值。

4）工作时间 t——任务阶段内的产品工作时间。

5）故障模式危害度 C_{mj}——产品危害度的一部分，是指产品在工作时间 t 内以第 j 个故障模式发生的某严重度类别下的危害度，即在给定的严重度类别下被分析对象某个故障模式的危害度，其计算公式 $C_{mj} = \alpha_j \beta_j \lambda_p t$。

6）产品危害度 C_r——当产品的 n 个故障模式属于同一个严重度类别时，故障模式的总危害度为 $C_r = \sum C_{mj}$。

7）备注——对其他栏的注释和补充。

7.2.2　危害性矩阵图的形式和内容

在进行危害性的定性分析或定量分析时，均可通过绘制危害性矩阵识别和比较故障模式危害度及严重度，并将其作为确定纠正措施优先顺序的工具。典型的危害性矩阵图如图 7-1 所示。

由图可知，为便于使用，在纵坐标轴上同时列出产品危害度和故障模式发生概率等级。将每一故障模式的危害性标注在矩阵图的相应位置上，称为故障模式分布点，如 1、2、3 点。然后将故障模式分布点投影在矩阵图的对角线上，1′、2′、3′点分别为 1、2、3 点的投影点。投影点距原点 O 的距离越远，危害性越大。故障模式危害性按照大小排列顺序是 3、2、1。

故障模式严重度等级评分准则见表 7-4。

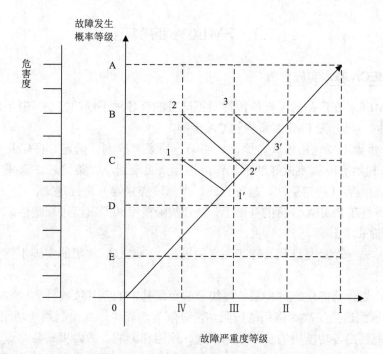

图 7-1　危害性矩阵图

表 7-4　故障严重度等级的评分准则

评分等级	故障影响的严重程度
IV级（轻度的）	不足以导致人员伤害、产品轻度损坏、财产轻度损失及环境轻度损害，但会导致非计划维护或修理
III级（中度的）	导致人员中等程度伤害、产品中等程度损坏、任务延误或降级、财产中等程度损失及环境中等程度损害
II级（致命的）	导致人员严重伤害、产品严重损坏、任务失败、财产严重损失及环境严重损害
I级（灾难的）	导致人员死亡、产品（飞机、坦克、导弹及船舶等）毁坏，财产重大损失和环境重大损害

7.2.3　风险优先数方法

　　风险优先数方法是一种常用的危害性分析方法。该方法是对产品的每个故障模式的风险优先数值进行优先排序，并采取相应措施，使 RPN 值达到可接受的最低水平。在功能和硬件 FMECA 分析中，产品某个故障模式的 RPN 值等于该故障模式严重度等级（effect severity ranking，ESR）和故障模式的发生概率等级（occurrence probability ranking，OPR）的乘积。RPN 值越高，则其危害性越大。

　　对危害性高的故障模式，从故障严重度和发生概率等方面提出改进措施。当所提出的各种改进措施在系统设计或保障方案中落实后，应当重新对各故障模式进行评定，并计算新的 RPN 值，接着使用改进后的 RPN 值对故障模式进行排序，直到 RPN 值降至可接受的水平。

7.3 FMECA 的实施

7.3.1 FMECA 基本实施步骤

虽然 FMECA 在产品的不同阶段针对不同目的有各种不同的方法，但是其基本实施步骤大致相同，可分为 FMEA 步骤和 CA 步骤。

FMEA 步骤主要包括模式、原因、影响、后果、检测、措施、评定几个方面。在 FMEA 分析初始阶段需要做好准备工作，进行全面策划，收集信息，选择方法，并对 FMEA 涉及的内容（约定层次、故障判断、严重度类别等）进行定义。

CA 分析是在 FMEA 分析的基础上，结合故障概率和严重度进行定性或定量风险分析，全面评价故障影响。

FMECA 是一个反复迭代、逐步完善的过程。FMECA 常用的实施步骤主要包括以下内容。

步骤 1：划分功能块。可将系统逐级分解至最基本的零件或构件。一般根据分析目的将系统分解到适当层次。将系统按照功能分解为功能块，并绘制系统功能逻辑框图。

步骤 2：列出各功能块的全部故障模式、原因和影响。故障模式应与该功能块所在层级相适应。在最低分析层级列出该级各单元所有可能出现的各种故障模式，以及每种故障模式发生的原因、对应的故障影响。在一个更高功能级考虑故障影响时，前述故障影响又被解释为一个故障模式。这样的分析需要一直进行，直至系统最高功能级的故障模式。

例如，阀门故障模式及原因见表 7-5。为避免重大遗漏，应由熟悉该系统结构、工作原理、使用情况的系统设计人员和系统使用人员共同分析。

表 7-5　阀门故障模式及原因

故障模式	故障原因
内部泄漏	阀体、阀座变形、损伤；阀体、阀座接触面有异物
外部泄漏	密封部件损伤
破损	长期使用后疲劳破损；腐蚀；外力
堵塞	进入异物；阀杆断裂，阀体下落
误关、误开	误操作；误信号
不关、不开	异物阻碍；驱动装置（电动机、传动机构等）故障；丧失动力（电、压缩空气等）
不能控制	控制零件（弹簧等）故障

步骤 3：危害度分析。FMEA 中故障等级也称危害度，是反映故障模式重要程度的综合指标，通常采用相对评分法确定其等级。例如，以完成任务为重点的评分法；以故障发生频率为重点的评分法；综合考虑多种因素的综合评分法。下面介绍综合评分法。

故障模式评定因素及评分范围见表 7-6。按照此表逐项评分，然后计算危害度系数（致命度系数）C_F。C_F 值越高，故障模式危害度越高。

表 7-6 故障模式评定因素及评分范围

评定因素	程度、分数与指标		
	综合评分	危害度系数 C_F	
	评分 C_i	程度	F_i
故障对功能的影响及后果	1～10	致命的损失 相当大的损失 丧失功能 不丧失功能	5.0 3.0 1.0 0.5
故障对系统的影响范围	1～10	两个以上重大影响 一个重大影响 无太大影响	2.0 1.0 0.5
故障发生度	1～10	发生频度高 有发生的可能性 发生的可能性很小	1.5 1.0 0.7
故障防止的可能性	1～10	不能防止 可能防止 可容易防止	1.3 1.0 0.7
更改设计的程度	—	须做重大改变 须做类似设计 统一设计	1.2 1.0 0.8

C_F 的表达式为

$$C_F = \prod_{i=1}^{n} F_i \qquad (7\text{-}1)$$

式中，F_i 为第 i 项评定因素的评分值；n 为考虑评定因素的项数。

步骤 4：提出改进措施。应当采用各种方法（改变设计等）尽量消除危害性高的故障模式。当无法消除该故障模式时，应分配较高的可靠性指标，必要时增设报警、监测、防护等设施。

步骤 5：填写故障模式、影响及危害性分析表。不同系统所用表格不尽相同，但企业内部对同类产品宜采用统一格式。两种典型表格见表 7-7。

步骤 6：提供 FMECA 报告。在设计认可后，提供 FMECA 报告。

表 7-7 故障模式、效应及危害性分析表示例

第_____页
故障模式、效应及危害度分析
系统_____ 填表人_____ 日期_____

方块图号	故障模式	判定原因	效应		检测方法	危害度	改进措施	备注
			本单元	系统				

第_____页

故障模式、效应及危害度分析

系统_____   填表人_____   日期_____

零件名称 零件号	零件 功用	故障 模式	故障 效应	故障 原因	发生度 F_1	严重度 F_2	检测度 F_3	危害顺序 数 RPN	改进措施和目前 情况
		（列举）			1～10 分	1～10 分	1～10 分	前三项分 数的积	

7.3.2 FMECA 的输入

进行 FMECA 需要输入很多信息和数据，主要包括以下几方面。

1. 设计方案论证报告

设计方案论证报告通常用于说明各种设计方案及与之相应的工作限制，有助于确定可能的故障模式及其原因。

2. 设计任务书

设计任务书的内容包括所设计产品的技术指标要求、执行功能、工作任务剖面、寿命剖面及环境条件、试验（含可靠性试验）要求、使用要求、故障判据和其他约束条件等。对于工艺 FMECA，应当了解工艺的目的、过程和质量要求等。

3. 被分析对象在所处系统内的作用与要求的信息

这些信息包括所处系统各组成单元的功能和性能要求及容许限、各组成单元间的接口关系及要求、被分析对象在所处系统内的地位和作用等。对于生产过程，还应了解本工序在整个生产流程中的地位和作用、与其前后工序之间的关系及允许范围等。

4. 设计图样

设计图样包括研制初期的工作原理图和功能框图。若某些功能是按照顺序执行的，则应有详细的时间—功能框图、被分析对象的图样、所在分系统/系统必要的图样，特别是有直接接口关系的单元的图样。对于生产过程，应当获得生产过程或流程说明、过程特性矩阵表及相关的工艺规程与工艺设计资料等。

5. 被分析对象及所处系统、分系统的相关信息

被分析对象及所处系统、分系统在启动、运行、操作、维修中的功能、可靠性等方面的信息，包括不同的任务时间，测试、监控的时间周期，预防性维修规定，修复性维修资源（设备、人员、维修时间、备件等），在不同任务阶段完成不同任务的正确操作序列及防止错误操作的措施等。对于生产过程，还应包括人员操作动作的风险分析结果。

6. 可靠性数据及故障案例

可靠性数据（故障模式、频数比、失效率等）应当采用标准数据或通过试验及现场使用得到的统计数据。

7.3.3　编制 FMECA 计划

为了系统有效地开展 FMECA 工作，应在产品研制的早期阶段对准备实施的分析活动进行系统的策划，其结果就是 FMECA 计划。在 FMECA 计划中，应当明确整个产品研制过程中实施 FMECA 的基本内容和要求。具体内容如下。

1）不同研制阶段的分析对象、范围和目的。

2）分析的时机及使用的分析方法。

3）使用的分析表格格式。

4）分析假设和分析的约定层次。

5）分析使用的编码体系。

6）进行任务描述。

7）故障判据。

8）定义严重度类别。

9）FMECA 报告及其评审意见。

10）完成 FMECA 工作的时间进度要求。

11）开展 FMECA 工作的各类人员和部门之间的分工与接口。

12）FMECA 计划应与产品可靠性、维修性、测试性、保障性等工作要求及有关标准相互协调、统筹安排。

7.3.4　确定分析前提

1. 说明分析假设

应在 FMECA 计划中明确说明所有基本规则和分析假设，包括分析方法、故障数据源、最低分析层次及分析的对象和范围等。若分析要求有所改变，则可对基本规则和分析假设加以补充，并在 FMECA 报告中做出明确说明。

2. 确定分析的约定层次

FMECA 工作必须在确定的产品层次上进行，包括分析开始的层次、分析终止的层次和分析中间的层次。在 FMECA 中，这些层次用初始约定层次、最低约定层次和其他约定层次三个概念来描述。在整个产品研制过程中，产品层次的划分应是统一的，但在不同的研制阶段或对于产品的不同组成部分，产品特点和分析目的不同，分析的初始约定层次和最低约定层次不必一致，分析的详细程度也不必相同，应当依据实际情况确定所分析的约定层次的级数和起止层次。对于采用了成熟设计、继承性较好的产品，其约定层次可划分得少而粗；反之，则应划分得多而细。

确定最低约定层次应当遵循下列原则。

1）所有可获得分析数据的产品中最低的产品层次。

2）能够导致严重度为灾难的（Ⅰ类）或致命的（Ⅱ类）故障的产品所在的产品层次。

3）规定或预期需要维修的最低产品层次。

3. 确定编码体系

在实施 FMECA 之前，应当确定产品或故障模式标识并形成编码体系，以便在整个产品研制和生产过程中能够清晰地识别每个组成部分对应的故障模式。该编码体系应当符合下列要求。

1）根据产品的功能及结构分解，体现产品层次的上下级关系和约定层次的上下级关系。

2）对于产品的各组成部分具有唯一性和可塑性。

3）尽可能地简单明确。

4）在容量上与产品的规模和复杂程度相适应，并考虑研制工作深入展开的需要。

5）采用符合有关标准、文件或工程要求的规定，并与产品功能框图或可靠性框图中使用的编码相一致。

4. 描述产品任务

应对产品完成任务的要求及其环境条件进行描述。这种描述一般用任务剖面来表示。若被分析的产品存在多个任务剖面，则应分别对每个任务剖面进行描述。若被分析的产品的每个任务剖面又由多个任务阶段组成，并且每一个任务阶段又可能有不同的工作方式，则须对此情况进行说明或描述。

5. 给出故障判据

应当结合产品的功能、性能及操作使用等要求给出明确具体的产品故障判别标准，即故障判据，其内容包括功能界限和性能界限。故障判据一般应当根据规定的产品功能要求、相应的性能参数、使用环境和工作特点等允许极限进行确定，在 FMECA 计划中应当按照有关技术规范的规定予以明确表述，并经过有关人员或用户的审查和批准。

6. 定义严重度类别

严重度等级的判定依据是根据故障所造成的最坏的潜在后果来确认的。严重度类别的划分应当依据故障对初始约定层次的影响程度。严重度分类可以采用多种方法，但在同一产品的 FMECA 分析中应当保持一致。

7.3.5 FMECA 报告编写

FMECA 报告一般应当包括以下内容。

1）实施 FMECA 的目的、所处的生命周期、分析任务的来源等基本情况和进行

FMECA 的理由说明等。

2）分析方法选用、约定层次划分、严重度分类等基本规则与假设。

3）分析对象和分析范围、任务描述、任务剖面、故障判据和数据来源。

4）功能框图、基本可靠性框图与任务可靠性框图。

5）FMEA 表格、CA 表格、危害度矩阵图、关键项目清单及必要的说明。

6）分析结论，以及无法消除的严重度为 I 类、II 类单点故障模式或严重度为 I 类、II 类故障模式的清单和必要说明。

7）对设计改进措施和使用补偿措施的建议及实施这些措施的预期效果。

FMECA 报告作为最终输出结果应进行签署，并作为设计文件的一部分提交设计评审。

7.3.6　进行 FMECA 评审

应对 FMECA 的结果和报告进行评审。该评审可以结合产品型号研制中的阶段评审或其他技术评审进行，也可单独进行。应当着重评审 FMECA 方法的正确性、资料的完整性、结论的准确性、措施的针对性及 FMECA 方法与其他方法的结合性。

7.3.7　FMECA 实施的注意事项

实施 FMECA 需要注意以下事项。

1）在 FMECA 实施过程中，应当遵循"谁设计、谁负责"的原则，应由设计人员、工艺人员负责完成分析工作，可靠性专业人员提供必要的技术支持。

2）在实施 FMECA 之前，应对所要进行的 FMECA 活动进行完整、全面的策划，确定分析的对象、时机及依据的准则和采用的方法。

3）在实施 FMECA 时，应当按照计划安排和有关标准、规范和大纲的要求开展工作，并以"边设计、边分析、边改进"的方式随着设计工作的进展不断更新分析结果，确保分析工作与设计工作、工艺改进工作同步协调，避免发生事后补做的情况，并及时将分析结果反馈给设计部门。

4）应当采用穷举法，尽可能地找出所有潜在故障模式、故障原因和故障影响，不能遗漏任何一个重要的故障模式和严重度为 I 类、II 类单点故障模式，并经各级设计师认真审查把关。

5）在 FMECA 过程中，应对共因、共模的故障和单点故障给予高度关注。

6）在 FMECA 过程中，应当注重 FMECA 方法与故障树分析、事件树分析等方法相结合。

7）应当依据 FMECA 结果对所制定的改进措施的效果进行跟踪与分析，验证 FMECA 结果的正确性和改进措施的有效性。

8）应当注重积累信息和经验，建立并充分利用故障模式库。

7.3.8　FMECA 工作要点

根据《装备可靠性工作通用要求》（GJB 450A—2004）中"工作项目 304"（FMECA）的说明，FMECA 工作要点如下。

1）应在规定的产品层次上进行 FMEA/FMECA。应考虑在规定产品层次上所有可能的故障模式，并确定其影响。

2）FMEA/FMECA 应全面考虑寿命剖面和任务剖面内的故障模式，分析其对安全性、完好性、任务成功性以及对维修和保障资源要求的影响。

3）FMEA/FMECA 工作应与设计和制造工作协调进行，即 FMEA/FMECA 工作的结果与建议能够反映在产品设计和工艺中。例如，FMECA 中确定的关键件、重要件结果应与设计过程中确定的关键件、重要件结果相吻合。FMECA 结果也可为可靠性系统工程设计与分析等工作提供信息。

4）可以参照 GJB/Z 1391—2006 提供的程序和方法，对产品在不同阶段采用的功能及硬件 FMECA 方法、软件 FMECA 方法、损坏模式影响分析方法和过程 FMECA 方法等进行分析。

FMECA 方法在实际应用中需要抓住"模式—原因—影响—后果—检测—措施—评定"这一核心，如图 7-2 所示。

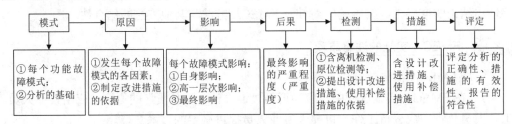

图 7-2   FMECA 的核心

7.4   FMECA 的应用

目前，在众多科技发达国家中，FMEA 技术已被广泛应用于航空、核工业、机械、电力、船舶等诸多领域，并且这些领域明文规定 FMEA 资料是不可缺少的设计资料。也就是说，如果不进行 FMECA，设计就不可能获得批准。我国从 20 世纪 80 年代开始引进并逐渐接受 FMECA 的概念和方法。虽然起步较晚，但是已在可靠性工程、维修性工程、安全性工程、测试性工程等多个专业及航空、汽车、动车、核能等多个行业领域得到了应用。我国相继发布了一系列国家标准、军用标准、行业标准和指令性文件。例如，GJB/Z 1391—2006，航天领域标准《卫星故障模式和危害度分析》（QJ2437—1993）等。GJB450A—2004 在"可靠性设计及评价"一节中指出，FMECA 是找出设计潜在缺陷的手段，是设计分析和设计审查必须重视的资料之一，规定实施 FMECA 是设计者和承制者必须完成的任务。可以依据 FMECA 方法的标准流程分别对产品生命周期中出现的多种故障模式进行统计和评估，并展开全面分析以提升产品的可靠性。目前 FMECA 方法已经获得了一定程度的普及，为生产高可靠性产品发挥了重要作用。

1988 年，美国联邦航空局发布咨询通报，该通报要求所有航空系统的设计及分析都必须使用 FMECA 方法。美国宇航局对 FMECA 尤为重视，在长寿命通信卫星上几乎无一例外地采用了这种分析手段。此外，美国航空航天局在总结卫星故障原因及进行技术对策研究时，也把工作重点放在了 FMECA 上。

20 世纪 70 年代末，FMEA 技术开始进入汽车工业领域。1980 年，美国国防部颁布了 FMECA 的军用标准，即 MIL-STD-1629。20 世纪 80 年代中期，汽车工业开始应用 FMECA 确认其制造过程。

在航海领域，美国国防部首先制定了 FMECA 的军用标准 MIL-STD-1629，以提高舰船的可靠性。1994 年，国际海事组织（International Maritime Organization，IMO）引入 FMEA 技术，并在 2000 年发布的《国际高速船安全规则》中明确要求对高速船进行 FMEA 分析。随后，意大利船级社、美国船级社等世界主要船级社都推出了 FMEA 服务，其中意大利船级社针对高速船的 FMEA 分析，还出版了《高速船故障模式和影响分析指南》。

FMECA 也可与其他方法综合使用，从而在更多领域得到应用。例如，Gupta 等（2021）提出了一种基于模糊逻辑与 D-S 证据理论的 FMECA 模型，并将其应用于工业离心泵风险评估；Stoumpos 等（2021）综合应用 FMEA 和仿真工具对船用双燃料发动机进行安全性评价；Wang 等（2019）提出了面向设备维护管理的 FMECA 方法，并通过地铁运营管理实例进行实证分析。此外，Singh 等（2019）将 FMECA 应用于配电变压器风险评估；George 等（2019）将模糊 FMECA 应用于液化天然气码头卸载设施安全风险评估以提高设备的安全性。潘建欣等（2020）提出了基于 FMECA 方法的车用燃料电池发动机风险评估模型。Abu Dabous 等（2021）回顾了 FMECA 应用于汽车制造行业的相关文献，并指出了 FMECA 的研究现状和未来发展趋势。周昊等（2020）采用 FMECA 方法对半潜式海上浮式风力发电机组进行故障分析。经过长期的发展与完善，FMECA 方法已经得到了广泛的认可与应用，成为系统研制过程中必须完成的一项可靠性分析工作。

7.5　应用案例：FMECA 在拖拉机液压系统中的应用

拖拉机的液压系统是操纵悬挂农具的动力装置，其功能是提升或降落悬挂农具、控制悬挂农具的悬挂位置及调节悬挂农具的耕作深度或工作高度。此外，还能把工作油液输送到被拖拉机牵引的作业机具上进行操作。液压系统结构紧凑、反应灵敏、动作准确、操作轻便，在拖拉机上得到了广泛应用。在实际生产作业中，液压系统负荷较大，故障发生率较高，显著降低了拖拉机工作性能。因此，应当全面地对液压系统中可能出现的故障模式进行分析和改进，提高液压系统的可靠性。本节以某拖拉机液压系统为例进行 FMECA 分析，具体步骤如下。

步骤 1：明确液压系统零部件的构成及功能，用框图绘出并分析，如图 7-3 所示。在确定分析范围时，为简化起见，将故障发生频度低、对系统故障影响小的零部件未列入分析范围。

步骤 2：列出液压系统分析范围内主要零部件可能出现的故障模式，并分析其原因（表 7-8）。

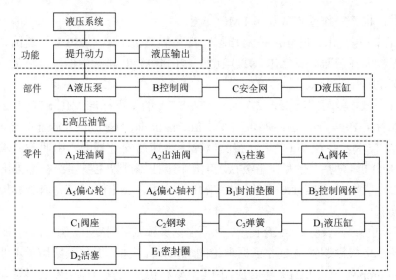

图 7-3 液压系统分析范围及等级框图

表 7-8 某拖拉机液压系统 FMECA 分析表

零部件名称	故障模式	功能	故障后果	故障原因	危害度			综合评定指标	改进措施
					发生度 F_1	严重度 F_2	检测度 F_3		
液压泵	进油阀	渗油	进油或阻止高压油回流	一部分高压油倒流回后桥箱体内（液压泵置于后桥箱内）	加工误差或使用磨损均会造成阀体与阀座的间隙过大	2	2	3	12	① 制造部门应当保证加工精度 ② 使用中要保持油液清洁
	出油阀	渗油	柱塞往复运动造成柱塞缸内压力差，使出油阀完成出油或阻止高压油回流工作	使一部分高压油流入柱塞缸内	加工误差或使用磨损均会造成阀体与阀座的间隙过大	2	2	3	12	① 制造部门应当保证加工精度 ② 使用中要保持油液清洁
	柱塞和缸体	泄漏	柱塞在缸体内做往复运动，完成吸油与压油工作过程	压油量减少，输出压力降低	加工误差或使用磨损均会造成阀体与阀座的间隙过大	1	3	3	9	① 制造部门应当保证加工精度 ② 使用中要保持油液清洁
	偏心轮与柱塞架	卡死	偏心轮带动柱塞架做往复运动	柱塞架断裂，使柱塞不能完成吸油和压油工作	偏心轮与衬套加工误差造成两者配合过紧，在重载荷时，油温过高易使偏心轮在衬套内卡死，造成柱塞架断裂	3	8	4	96*	① 制造部门应当保证加工精度，使间隙符合设计要求 ② 设计部门应当改进柱塞架材料及加工工艺，提高强度
	偏心轴衬	磨损快	偏心轮通过偏心轴衬带动柱塞架做往复运动	偏心轴衬磨损使活塞行程缩短、压油量减少	偏心轴衬为铜衬套，材料及加工达不到设计要求，长期使用会使轴衬磨损量增大	2	3	4	24	① 制造部门应当保证偏心轴衬材料及加工质量 ② 设计部门改进偏心轴衬材料，提高其耐磨性

续表

零部件名称	故障模式	功能	故障后果	故障原因	危害度			综合评定指标	改进措施
					发生度 F_1	严重度 F_2	检测度 F_3		
控制阀	封油垫圈	漏油	三片封油垫圈将阀体内腔分隔为进油室及回油室，控制油液出入液压泵	当控制阀处于平衡位置时，封油垫圈漏油使液压系统内泄量增大，静沉降值增大	① 封油垫圈与阀体加工误差造成配合间隙过大 ② 封油垫圈较薄，易磨损泄漏	4	8	4	128*	设计部门应当改进设计，采用结构改进的控制阀
安全阀	阀座与钢球	泄漏	钢球被弹簧压入阀座内，控制系统压力，防止压力过载	当安全阀尚未开启时，钢球与阀座间隙变大，造成系统内压力油泄漏，液压系统提升能力降低	① 阀座与钢球加工误差造成两者接合面间隙过大 ② 长期使用使钢球及阀座磨损	2	3	2	12	制造部门应当保证阀座与钢球加工精度及配合间隙；检验部门应当严格检验，保证密封性能
	弹簧	永久变形量较大	控制安全阀的开启压力及全开压力	导致安全阀的开启压力及全开压力降低，使系统提升能力下降，静沉降值增大	① 出厂时安全阀开启压力调整偏低 ② 弹簧受力后永久变形量大	4	7	3	84*	① 制造部门应当保证弹簧加工质量 ② 检验部门应当严格进行筛选 ③ 保证安全阀出厂压力
液压缸	缸体与活塞	渗油	液压泵中的高压油流到液压缸内，推动活塞，带动悬挂机构提升	缸体与活塞间渗漏，造成系统内泄量增加，静沉降值增大，提升能力下降	柱塞与缸体的加工质量未达到要求，造成两者配合间隙过大	1	2	2	4	制造部门应当保证活塞与缸体加工质量及配合间隙
高压油管	密封圈	漏油	连接液压泵和提升机构的油道	密封圈损坏，造成液压系统漏油，提升能力下降或不能提升	高压油管上的密封圈装拆不当，致使密封圈损坏	2	3	1	6	装配及修理部门在拆装高压油管时要防止密封圈损坏

* 表示危害度高、需要特殊关注的故障模式。

步骤 3：根据故障发生频度 F_1、故障危害程度 F_2 及故障发现和查明的难易程度 F_3，确定综合评定指标 F，即

$$F=F_1F_2F_3$$

F_1、F_2 和 F_3 的推荐值见表 7-9。

表 7-9　F_1、F_2 和 F_3 的推荐值

F_1（故障发生频度）		
频度等级	判据	系数
I	5%～20%	5
II	1%～5%	3～4
III	0.3%～1%	2
IV	≤0.3%	1

续表

F_2（故障危害程度）

严重度等级	名称及代号	判据	系数
I	致命故障 ZM		9～8
II	严重故障 YZ	按各类故障定义判别	6～8
III	一般故障 YB		3～5
IV	轻度故障 QD		1～2

F_3（故障发现和查明的难易程度）

难易度等级	判据	系数
I	很难发现和查明的故障	5
II	难以发现和查明的故障	3～4
III	较难发现和查明的故障	2
IV	容易发现和查明的故障	1

步骤 4：根据步骤 2 提出改进措施，根据步骤 3 确定改进重点及先后顺序。由表可知，要想提高液压系统的性能及可靠性，就应重点解决导致综合评定指标值高的三个问题：①偏心轮与柱塞架卡死，造成柱塞架断裂故障。②控制阀封油垫圈渗漏，造成液压系统内泄量增大，静沉降值增加。③安全阀弹簧在使用中永久变形量大，使安全阀开启压力及全开压力下降，导致液压系统提升能力下降。

该拖拉机液压系统经过 FMECA 分析，提出以下解决措施：柱塞架采用新材料，提高其韧性；对控制阀进行结构改进，加大封油垫圈的厚度，主要解决控制阀封油垫圈漏油问题；参考国外先进技术对安全阀进行结构改进。采用这些改进措施后取得了较好效果。

改进设计采用整体式结构控制阀，由阀套和阀杆 2 个零件构成，替代了原结构中的 9 个零件（压套、衬套、阀杆及挡圈各 1 件，垫圈 2 只，封油垫圈 3 只）。将装有改进控制阀的液压泵与原泵分别进行性能对比试验、台架寿命试验及田间使用试验。试验结果表明，改进泵内部泄漏量显著减小，尤其是长期使用时阀套及阀杆的磨损极小，达到了规定的液压系统静沉降值要求，提高了液压泵的性能及可靠性。

复习与思考

1. FMECA 的目的和作用是什么？它和 FMEA 的区别是什么？
2. 常用的危害性分析工具有哪些？
3. 请阐述 FMECA 分析的基本步骤。
4. 编写 FMECA 报告主要包括哪些内容？
5. 实施 FMECA 应当注意哪些问题？
6. 请尝试应用 FMECA 方法进行具体案例分析。

第 8 章
FMEA 软件

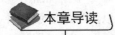 **本章导读**

> 经过长期的发展与完善，FMEA 已经广泛应用到各行各业的生产活动中，帮助企业降低了产品故障率，提高了产品质量与市场竞争力。为了使企业进一步生产出高质量的产品，更好地满足客户需求，运用 FMEA 软件帮助企业完成 FMEA 工作已成为趋势。本章首先对 FMEA 软件进行概述，简要介绍 FMEA 软件的功能及目前国内外 FMEA 软件发展状况。然后，阐述 FMEA 软件的功能需求，包括能够提供灵活简便的数据输入和信息管理，提供初始和修正 RPN 的自动计算，能够编辑各类 FMEA 信息，能够提供信息安全保护等。最后，系统介绍四种市场上较为流行的 FMEA 软件。

8.1 FMEA 软件概述

FMEA 作为一项可靠性分析技术，经过长期的发展与完善，已成为提高产品可靠性的重要手段之一，广泛应用到企业的产品设计和生产活动中。为了更好地帮助企业减少产品故障率，提升企业整体技术水平，使企业能够快速开发出低成本、高可靠度的产品，达到全面提升品质的目的，利用专业软件帮助企业完成 FMEA 及其相关工作已成为必然趋势。

FMEA 软件能够提供强大的用户、角色、工作组、部门等基本信息管理，并支持自定义操作界面；自由定制分析方法模板、短语模板；借鉴、扩充、积累产品分析经验；简洁的项目评审流程管理，并提供评审依据。此外，FMEA 软件还可以提供基于《汽车整车产品质量检验评定方法》（QC/T 900—1997）、《电子设备可靠性预计手册》（GJB 299B—2006）的部分产品故障模式库和电子、车辆、导弹、航空、航天等故障模式信息分类及编码标准，用户可以自由扩展。

目前，国内外很多机构正在进行各种 FMEA 分析软件的开发工作，各行业、各部门都在设计开发合理有效的适合本行业使用的 FMEA 软件系统，并且已有众多商品化的可靠性分析软件进入中国市场。较著名的 FMEA 分析软件有美国爱特姆（ITEM）公司开发的 FMEA 软件、Relex 可靠性系列软件，德国艾普斯（APIS）公司开发的 IQ-FMEA，德国柏拉图（PLATO）公司开发的 PLATO SCIO-FMEA，美国瑞蓝（Reliasoft）公司开发的 XFMEA 分析软件等。这些软件的功能主要包括故障模式影响分析、危害性分析及能够方便地进行数据处理和报表制作等，各软件在功能上存在一些细微的差别。例如，ITEM 公司开发的 FMEA 模块 Item FMECA 提供内嵌式故障模式、影响及危害度逻辑关系自动推理构造系统，还可与其他模块相互转化、数据共享，由 FMEA 生成原始的 FTA；Relex FMEA 软件支持多用户环境，可使所有用户共享 FMEA 数据及其更改，为电子元器件和机械零部件提供了故障模式库；XFMEA 分析软件可以定制个性化的界面和报表，包括修改、显示或隐藏数据，定制 RPN 等级标准，自定义数据分析和配置 FMEA 报告，此外还提供两种不同的视图（工作区视图和树形视图）方便数据输入。工作区视图用于传统列表格式的 FMEA 报表分析；树形视图具有良好的直观层次，可以清晰地展示项目逻辑关系及项目中定义的功能、故障、模式、后果、原因、控制措施。在实际工程分析中，这些软件都得到了用户的认可。

国内 FMEA 软件的应用还处于起步阶段。FMEA 分析技术人员和工程师将大量宝贵时间花费在机械的、烦琐的信息管理上，更重要的是人为判断误差、计算误差和信息管理误差等，导致报告的分析误差很大、计算精度降低，从而进一步降低了产品可靠性。目前，国内的一些高校和研究院所也相应开发了一些 FMEA 应用软件，如国防科技大学、中国机械科学研究总院、北京航空航天大学等单位都从事过此方面的研究，但由于缺乏必要的数据支持和系统规范的软件管理技术，这些 FMEA 软件使用起来不够方便，而且早期开发的软件还受到计算机语言与水平等因素的制约，通用性不够强，重复工作量较大，浪费了一定的人力资源。此外，这类软件大多局限于电子产品可靠性分析方面，通用的 FMEA 软件尚未成熟。

在产品质量可靠性领域，可靠性软件不仅可以大幅减少烦琐的可靠性分析工作量，而且在改善和控制产品质量方面也发挥着积极的作用。目前，各行业可靠性分析使用的 FMEA 软件大部分为国外的商用软件。由于没有 FMEA 分析软件源码，不能进行二次开发和扩展，因此制约了 FMEA 方法在我国可靠性分析领域的深入应用。

8.2   FMEA 软件功能需求

功能需求是指软件必须执行的功能，被用来定义系统的行为，即软件在某种输入条件下要给出确定的输出必须做的处理或转换，用户利用系统能够完成任务，从而满足业务需求。功能需求通常是软件功能的"硬指标"。FMEA 的功能需求是在充分分析现有可靠性行业流行的 FMEA 分析软件功能的基础上，结合我国可靠性行业 FMEA 分析人员的实践经验和使用特点，遵循实用、合理、易用的原则提出的。FMEA 软件主要功能需求如下。

1）能够提供灵活简便的数据输入和信息管理。数据输入和信息管理是软件的重要功能之一。FMEA 的数据输入和信息管理功能应当能够安全、科学、便捷地输入和管理各类 FMEA 信息，包括项目组成信息、产品基本信息、故障模式信息、FMEA 属性信息、用户信息等，从而使 FMEA 团队成员从大量信息中解脱出来，把主要精力集中在

FMEA 分析上。

2）能够提供初始和修正 RPN 的自动计算。根据严重度、发生度和检测度的值计算 RPN 或修改 RPN，并用不同颜色显示高 RPN、高严重度和按照 RPN 值大小进行排序以引起分析人员特别注意，确保通过现有的设计控制或预防/纠正措施降低该风险。

3）能够编辑各类 FMEA 信息。例如，可以增加、插入、修改、删除、查询各类 FMEA 信息。

4）能够提供信息安全保护。通过 FMEA 工作组权限控制、数据备份与恢复和密码保护功能，保证 FMEA 分析的信息的安全性。

除此之外，软件还应能够自动生成 FMEA 报告。用户可以根据需要设定输出格式，支持打印预览和打印机输出功能，并能生成 Word、Excel 或 HTML 文件。提供报告设计器供用户创建各种风格的报告模板，并内置标准的报告模板供用户选用。

8.3　FMEA 软件介绍

目前市场上较为流行的 FMEA 软件有以下几种：IQ-FMEA、FMEA Master、PLATO SCIO-FMEA、RSMTL-CAD FMECA。

8.3.1　IQ-FMEA

IQ-FMEA 软件是由德国 APIS 公司开发的，该软件是 FMEA 领域最权威的软件之一，目前全球用户已超过 1500 家，主要涉及航空航天、国防、能源等领域。

IQ-FMEA 按照美国汽车行业行动组（AIAG）和德国汽车行业协会（VDA）联合发布的《FMEA 手册（第五版）》的七个步骤完成 FMEA 分析，规避了工程师在填写 FMEA 表格过程中的盲目性与随意性。同时，软件还提供了一键生成 FMEA 表格、控制计划、工艺流程图、统计分析、项目管理、人员管理、权限管理、风险矩阵、功能安全、FTA 分析、8D 报告等功能。

该软件的七步法具体如下。

1. 范围确定

一个专用的编辑器可以通过范围分析编辑器和 FMEA 结构之间的双向引用支持 FMEA 团队，包括范围分析、人员团队、时间进度、策划准备等。IQ-FMEA 通过建立共享字典库、故障模式库、预防/检测措施库等形成典型产品 FMEA 数据包，将历史经验、典型产品数据进行共享，提高知识复用度，从而实现全面高效的 FMEA 分析。IQ-FMEA 范围分析操作图如图 8-1 所示。

2. 结构分析

结构分析可以帮助了解产品真正需要什么。以控制器分析为例，将控制器结构拆分，可以反映实际所需分析内容，使结构一目了然。图 8-2 所示为某巡航控制器结构分析图。

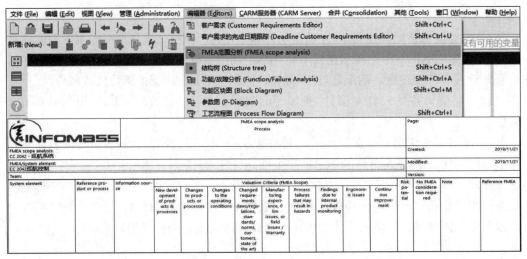

图 8-1 IQ-FMEA 范围分析操作图

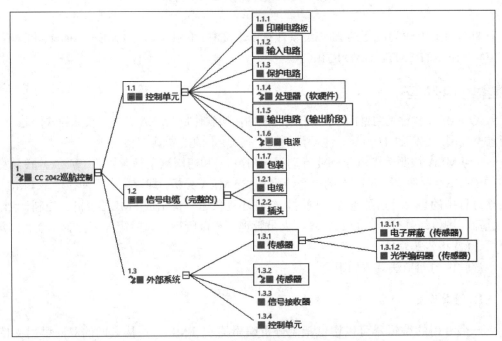

图 8-2 某巡航控制器结构分析图

以制造过程分析为例,将步骤拆分,可以清晰地反映实际所需流程规划。图 8-3 所示为某信号电缆的制造过程分析图。

3. 功能分析

分析结构树上每个结构的功能要求,并通过建立功能网将各结构功能关联起来。功能分析包括产品功能需求分析和产品关键特征分析。

定义节点对象的功能,并通过网络将单个节点的功能相互串联,实现功能传递。图 8-4 所示为插头的功能分析图。

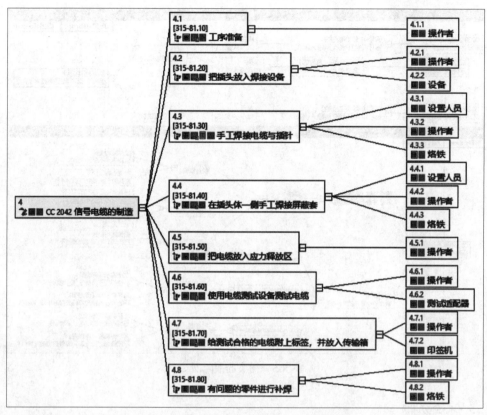

图 8-3　某信号电缆的制造过程分析图

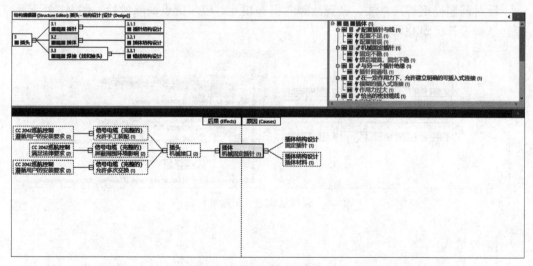

图 8-4　插头的功能分析图

4. 故障分析

在功能分析的基础上对每一个功能建立故障模型，并根据故障产生的原因及其导致的后果建立故障网。图 8-5 所示为插头的故障网。

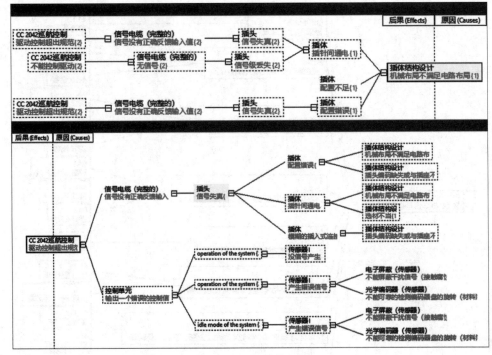

图 8-5　插头的故障网

5. 风险分析

针对问题提出解决办法,做到故障与措施相互对应,定点消除风险。图 8-6 所示为锡线结构设计风险分析图。

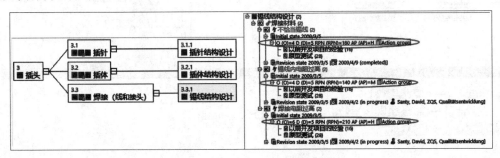

图 8-6　锡线结构设计风险分析图

6. 持续优化

进一步优化问题的解决方案,具体落实到负责人及完成时间,保证分析结果与需求相吻合。图 8-7 所示为锡线结构设计风险优化图。

7. 文案交互

可以根据用户需要将 FMEA 文件内容生成报告,报告内容包括结构树、功能网、故障网、FMEA 表格等。此外，还可将文件内容导出生成 HTML、XML、EXCEL、PDF 等格式文件。

图 8-7　锡线结构设计风险优化图

根据《FMEA 手册（第五版）》生成的 FMEA 表格，如图 8-8 所示。

STRUCTURE ANALYSIS (STEP 2) (STRUCTURE ANALYSIS (STEP 2))			FUNCTION ANALYSIS (STEP 3) (FUNCTION ANALYSIS (STEP 3))			FAILURE ANALYSIS (STEP 4) (FAILURE ANALYSIS (STEP 4))						RISK ANALYSIS (STEP 5) (RISK ANALYSIS (STEP 5))					
1. Next Higher Level (1. Next Higher Level)	2. Focus Element (2. Focus Element)	3. Next Lower Level or Characteristic Type (3. Next Lower Level or Characteristic Type)	1. Next Higher Level Function and Requirement (1. Next Higher Level Function and Requirement)	2. Focus Element Function and Requirement (2. Focus Element Function and Requirement)	3. Next Lower Level Function and Requirement or Characteristic (3. Next Lower Level Function and Requirement or Characteristic)	1. Failure Effects (FE) to the Next Higher Level Element and/or End User (1. Failure Effects (FE) to the Next Higher Level Element and/or End User)	S (S)	SC (SC)	2. Failure Mode (FM) of the Focus Element (2. Failure Mode (FM) of the Focus Element)	3. Failure Cause (FC) of the Next Lower Element or Characteristic (3. Failure Cause (FC) of the Next Lower Element or Characteristic)		Current Prevention Control (PC) of FC or Current Prevention Control (PC) of FC)	O (O)	Current Detection Controls (DC) of FC or FM (Current Detection Controls (DC) of FC or FM)	D (D)	AP (AP)	
插头 (2)	插体 (1)	插体结构设计 (1)	电气接口 (2)	电缆、插头、插座屏蔽套之间的电连接 (2)	插体材料 (1) 电气接口 (1) 屏蔽套连接结构 (1) 屏蔽套材料 (1)	s评估-结构设计 <1/7-信号级丢失 (CC 2042 - 巡航系统) <从接收器到控制单元传输信号，并不丢失信息> <1/3-无信号>	s评估 (Sever ity)	分类 (Classi ficatio n)	<电缆、插头、插座屏蔽套之间的电连接> (1) 插头、插座之间的屏蔽套连接中断 (1)	插头-结构设计 <屏蔽套连接结构> =3/0-结构不当 (1)		NONE (27)	6	原型测试 (28)	4	M 84
						s评估 (Sere rity)	分类 (Classi ficatio n)			插头-结构设计 <屏蔽套结构> =2/0-不当结构 (1)		NONE (27)	5	原型测试 (28)	7	M 88
						(CC 2042 - 巡航系统) <按规格要求控制推进力> <1/3-不能控制驱动>	7	分类 (Classi ficatio n)									

图 8-8　FMEA 表格（《FMEA 手册（第五版）》）

统计分析并生成报告，如图 8-9 所示。

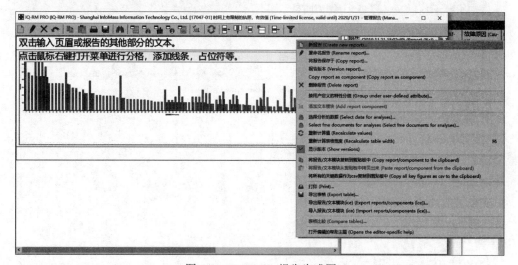

图 8-9　IQ-FMEA 报告生成图

8.3.2 FMEA-Master

    FMEA Master 软件系统是聪脉公司针对国内众多企业 FMEA 难以落地实施的问题，历时四年多精心打造的一套专业级 FMEA 管理系统。FMEA Master 完全满足《FMEA 手册（第五版）》的要求，其功能涵盖了从项目策划、团队组建、任务分配、FMEA 分析、FMEA 报告生成、FMEA 评审、FMEA 应用到 FMEA 维护更新的全过程管理。FMEA Master 软件系统功能全面、操作方便，自动化程度高，数据安全有保障，借助该软件系统，可以高效率、高质量、高安全地开展 FMEA 工作。FMEA Master 不仅是一种超越"七步法"的实用工具，更是一种将在 FMEA 企业落地实施过程中所需的团队协作、知识管理和项目管理等完美融为一体的系统化解决方案。

    进入 FMEA-Master 系统之后，其工作界面如图 8-10 所示。

FMEA编号	FMEA名称	客户	计划开始日期	计划结束日期	负责人	产品数	进行中	已完成	状态	更新日期
DF2012020 001	光电产品整机				张建伟	10	1	0	进行中	2020-12-02 16:02:47
DF2012020 002	光电系统01		2020-12-01	2021-03-30	张建伟	10	1	0	进行中	2020-12-02 15:58:17
DF2012020 003	结构系统1 DFMEA		2020-12-01	2021-03-25	张建伟	1	1	0	进行中	2020-12-02 15:42:00
DF2012010 003	执行部件	大众	2020-12-01	2020-12-08	科都电气	10	1	0	进行中	2020-12-02 11:28:47
DF2012010 002	变速箱DFMEA	XY	2020-12-01	2020-12-02	长城汽车05	16	1	0	进行中	2020-12-01 14:40:15

图 8-10　FMEA-Master 系统工作界面

    以液晶模组为例介绍 FMEA-Master 的 DFMEA "七步法"，其操作界面如图 8-11 所示。

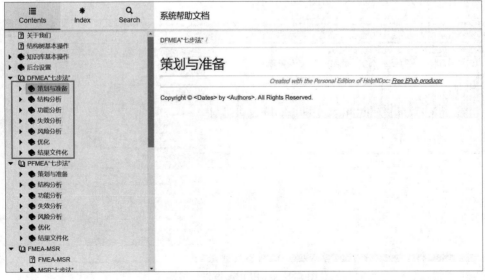

图 8-11　DFMEA "七步法" 操作界面

1. 策划与准备

通过新建 DFMEA 项目确定分析对象及范围边界。新建 DFMEA 的操作界面如图 8-12 所示。

图 8-12　新建 DFMEA 的操作界面

组建 FMEA 团队，实现团队协作。分配 FMEA 任务，制订任务计划、任务分工方案。图 8-13 所示为液晶模组 FMEA 团队的任务信息。

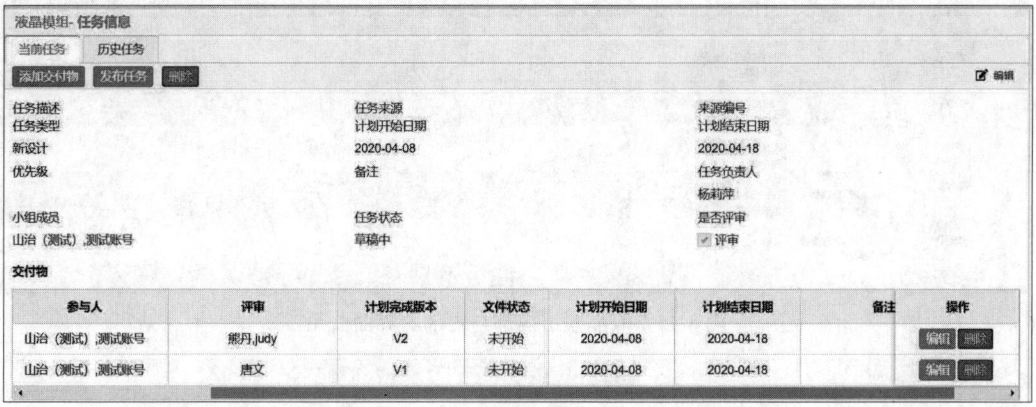

图 8-13　液晶模组 FMEA 团队的任务信息

2. 结构分析

支持物料清单（bill of material, BOM）表、结构树及框图三种方式建立产品的结构，可以实时同步作业，互为输出。通过上述三种方式建立的液晶模组结构，如图 8-14 所示。

通过框图直观识别分析对象的外部或内部界面接口；使用界面矩阵分析内外部界面接口关系特征。液晶模组内部与内部的界面关系如图 8-15 所示，液晶模组内部与外部的界面关系如图 8-16 所示。

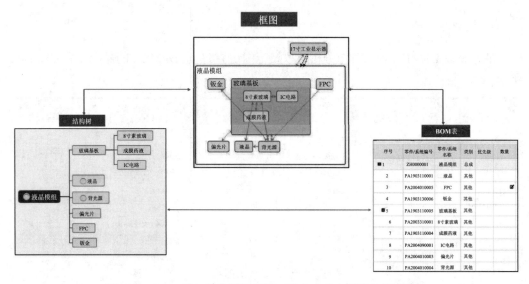

图 8-14 BOM 表、结构树及框图三种方式建立的液晶模组结构

内部界面 外部界面								
内部 内部	玻璃基板	8寸素玻璃	成膜药液	IC电路	液晶	背光源	偏光片	FPC	钣金
玻璃基板						●背光源--玻璃基板:压接贴合	●偏光片--玻璃基板:压接贴合	
8寸素玻璃			●8寸素玻璃--成膜药液:压接贴合	●IC电路--8寸素玻璃:贴合	●液晶--8寸素玻璃:空间支撑	●背光源--FPC-8寸玻璃:卡接		
成膜药液		●8寸素玻璃--成膜药液:压接贴合						
IC电路		●IC电路--8寸素玻璃:贴合						
液晶		●液晶--8寸素玻璃:空间支撑				●背光源--液晶:反射光		
背光源	●背光源--玻璃基板:压接贴合	●背光源--FPC-8寸玻璃:卡接			●背光源--液晶:反射光			●FPC--背光源:传递电量	●钣金--背光源:卡接
偏光片	●偏光片--玻璃基板:压接贴合							
FPC						●FPC--背光源:传递电量		

图 8-15 液晶模组内部与内部的界面关系

内部界面 外部界面		
内部 外部	17寸工业显示器	17寸工业显示器
液晶模组	●17寸工业显示器--液晶模组:卡接 ●17寸工业显示器--液晶模组:电信号	●17寸工业显示器--液晶模组:电信号
玻璃基板		
8寸素玻璃		
成膜药液		
IC电路		
液晶		

图 8-16 液晶模组内部与外部的界面关系

3. 功能分析

通过结构树识别系统、子系统、零部件的功能和特性。液晶模组的系统、子系统、零部件的功能和特性如图 8-17 所示。

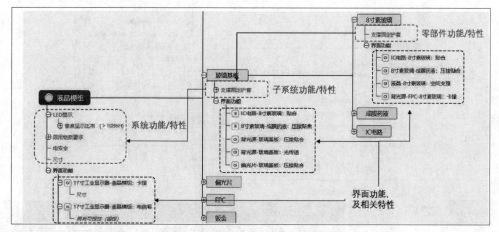

图 8-17　液晶模组的系统、子系统、零部件的功能和特性

支持功能分层细化，并通过功能故障清单表展现；支持在结构树上直接对产品及已识别的功能识别特性，并添加相关技术要求。液晶模组的功能分层细化结果如图 8-18 所示。

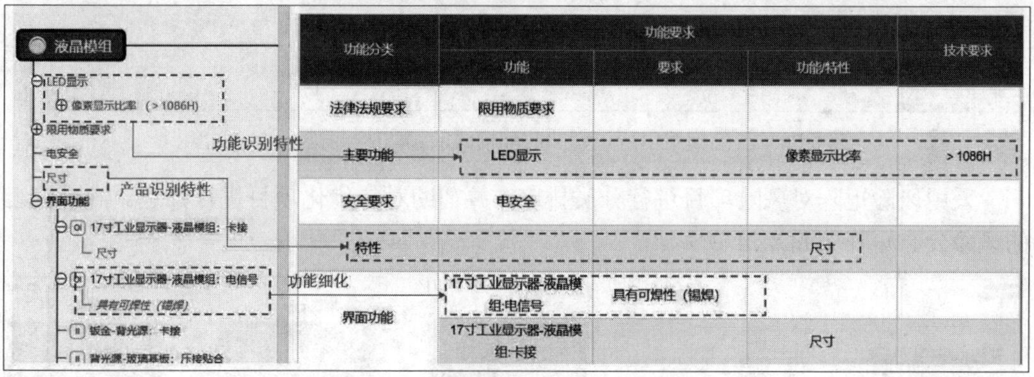

图 8-18　液晶模组的功能分层细化结果

4. 失效分析

使用结构树对识别出来的所有功能定义其故障模式、故障影响及故障原因。图 8-19 所示为液晶模组失效分析图。

5. 风险分析

使用结构树对识别出的故障模式或故障原因制定相应的预防或检测措施，并识别故障模式的发生度和检测度。液晶模组中所识别的故障模式的预防/检测措施及发生度如图 8-20 所示。

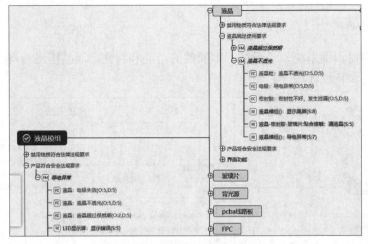

图 8-19　液晶模组失效分析图

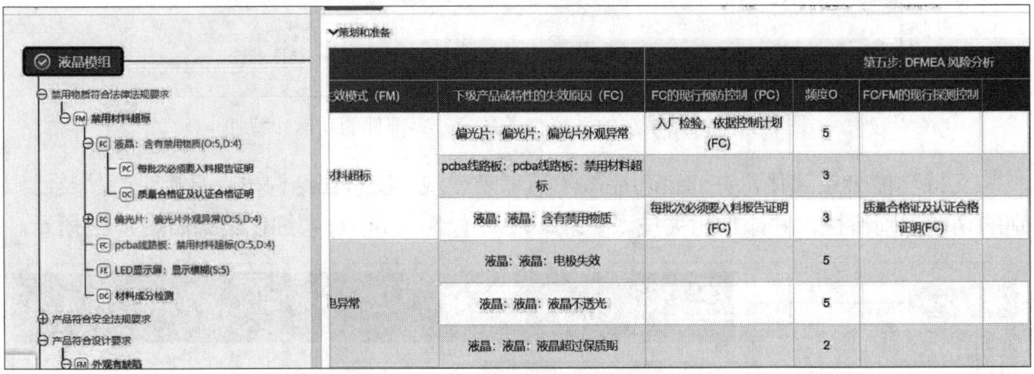

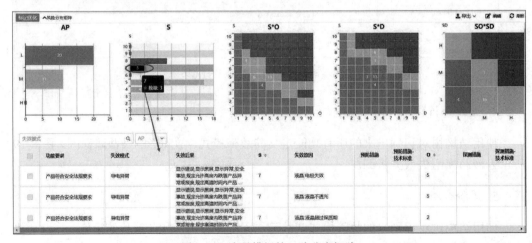

图 8-20　液晶模组中所识别的故障模式的预防/检测措施及发生度

采用风险矩阵对风险项目进行分类排序，并辅助对待优化项目进行筛选。液晶模组的风险分布矩阵如图 8-21 所示。

图 8-21　液晶模组的风险分布矩阵

6. 优化

首先根据风险评估结果标记需要优化的故障模式,然后在结构树上直接添加优化措施,最后依据优化措施对 O/D 进行优化并评估打分。液晶模组的风险优化措施如图 8-22 所示。

图 8-22　液晶模组的风险优化措施

7. 结果文件化

基于过程七步法自动生成 FMEA 报告、特性清单及设计验证计划(design verification plan, DVP)清单。图 8-23 所示为自动生成的 FMEA 报告。

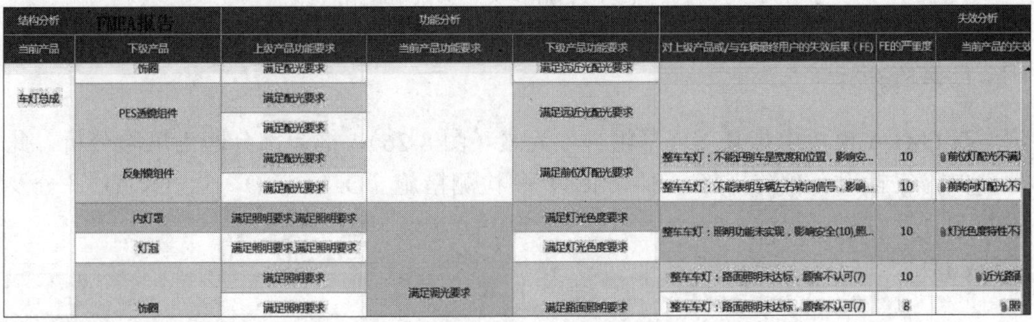

图 8-23　自动生成的 FMEA 报告

8.3.3　PLATO SCIO-FMEA

PLATO SCIO-FMEA 是由德国 PLATO 公司研发的。PLATO SCIO 系统在 FMEA 故障关联分析、数据集中管理、模板化快速应用等方面处于领先地位。全球已超过 800 家企业采用 SCIO 系统作为 FMEA 系统,覆盖汽车制造、医疗器械、食品医药等领域。FMEA 模块的主要功能是对故障进行风险评估,并进行优化改进。

FMEA 表格有不同的显示格式,可在主菜单界面进行选择,如图 8-24 所示。

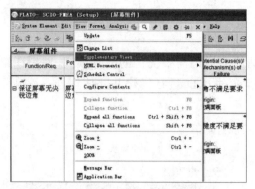

图 8-24　FMEA 表格显示格式操作界面

选择"Supplemetary Views"命令,打开如图 8-25 所示对话框,其中的 AIAG 3rd Edition 格式更易于理解,一般选择在此格式下工作。若需要进行 VDA 评审,则在工作完成后将 AIAG 3rd Edition 格式转换为 VDA 格式即可。

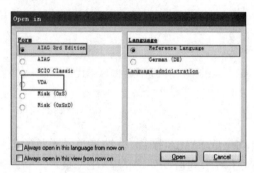

图 8-25　FMEA 表格显示格式

1. 风险分析

在 FMEA 模块中打开"屏幕组件"元素（图 8-26）,框起部分即为风险分析。此部分内容包括现有预防措施（P-Action）和检测措施（D-Action）,S、O、D 评分及 RPN 值。

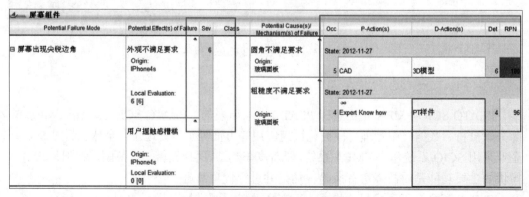

图 8-26　屏幕组件的风险分析图

　　此表格中，首先需要填写 P-Action 和 D-Action 两项，O 和 D 分别与此两项相关。然后分别对 S、O、D 评分，最后根据 S、O、D 的值自动计算出 RPN 值。

　　故障严重度（S）有一个继承功能，即当最顶层某故障的严重度为某一数值时，则往下传递的该故障链上所有下级故障的严重度均为此值。

　　如图 8-27 所示，iPhone 4s 层级故障为"外观不满足要求"，它的严重度为 6；它的下层级"屏幕组件"在该故障链上的故障为"屏幕出现尖锐边角"。若对其严重度手动赋予 5，则会在框中上方以红色底显示，表示该故障影响的严重度对上级严重度没有继承。

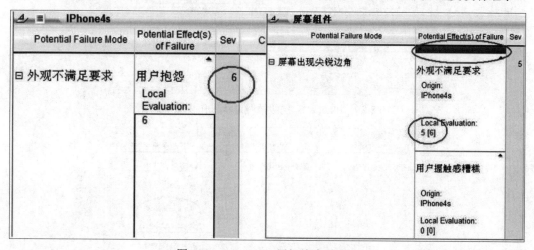

图 8-27　iPhone 4s 层级故障无继承

　　若要继承，则按图 8-28 所示步骤进行操作。

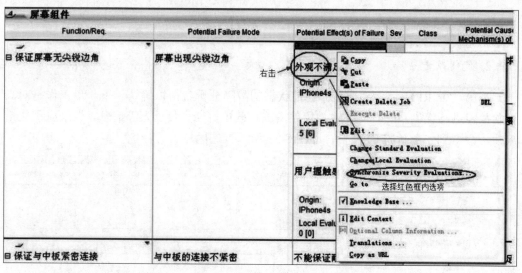

图 8-28　iPhone 4s 层级故障继承操作步骤（1）

　　打开图 8-29 所示对话框时，继续操作。

　　按照此步骤操作完毕，"外观不满足要求"故障链上所有故障影响的严重度（S）都会自动赋予 6，如图 8-30 所示。

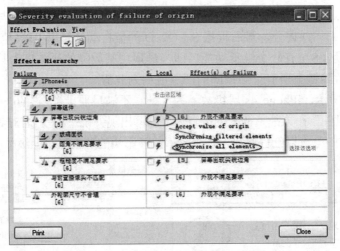

图 8-29   iPhone 4s 层级故障继承操作步骤（2）

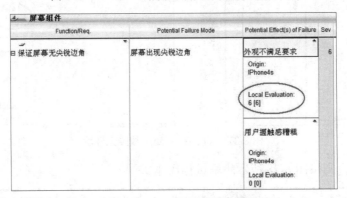

图 8-30   iPhone 4s 层级故障继承结果

2. 优化改进

当第一个 RPN 评估完成后，当前状态的故障分析就得以确认。下一步工作是对高风险故障进行优化，此时需要输入优化措施、截止日期、负责人等信息。当采取优化措施后，会得到一个新的 RPN 值，即图 8-31 所示框选区域。

图 8-31   优化后的 RPN

若优化措施不止一个，则此时可以生成一个措施包。另起一行输入新的优化措施。两个优化措施形成一个措施包（图 8-32），这个措施包有一个新的负责人和截止日期。

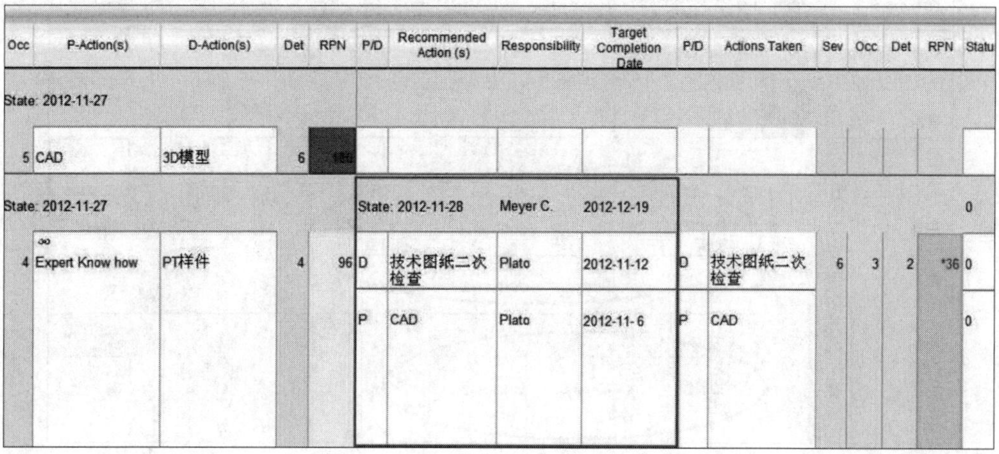

Occ	P-Action(s)	D-Action(s)	Det	RPN	P/D	Recommended Action (s)	Responsibility	Target Completion Date	P/D	Actions Taken	Sev	Occ	Det	RPN	Status
State: 2012-11-27															
5	CAD	3D模型	6	180											
State: 2012-11-27						State: 2012-11-28	Meyer C.	2012-12-19							0
4	Expert Know how	PT样件	4	96	D	技术图纸二次检查	Plato	2012-11-12	D	技术图纸二次检查	6	3	2	*36	
					P	CAD	Plato	2012-11- 6	P	CAD					0

图 8-32　两个优化措施形成一个措施包

若有两个不同的措施包，则可对其进行比较，采取效果较好的措施包并驳回效果较差的措施包。具体操作方法如下。

在优化措施上右击，在弹出的快捷菜单中选择 "Add Action Package" 命令，如图 8-33 所示。

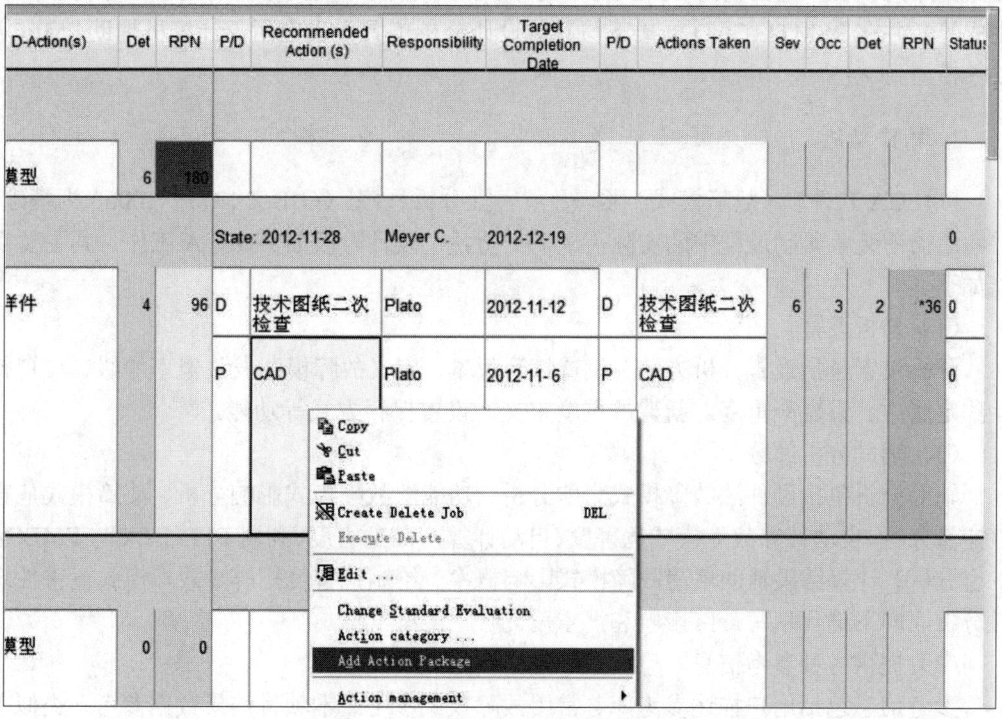

D-Action(s)	Det	RPN	P/D	Recommended Action (s)	Responsibility	Target Completion Date	P/D	Actions Taken	Sev	Occ	Det	RPN	Status
莫型	6	180											
						State: 2012-11-28	Meyer C.	2012-12-19					0
羊件	4	96	D	技术图纸二次检查	Plato	2012-11-12	D	技术图纸二次检查	6	3	2	*36	0
			P	CAD	Plato	2012-11- 6	P	CAD					0
莫型	0	0											

Copy
Cut
Paste
Create Delete Job　　DEL
Execute Delete
Edit ...
Change Standard Evaluation
Action category ...
Add Action Package
Action management　　▶

图 8-33　添加新措施包的操作方法

在新的表格中输入新的措施包。对两个措施包进行比较（图 8-34），措施包 1 的效果好于措施包 2，故将措施包 2 驳回。完成后，可将结果导出。

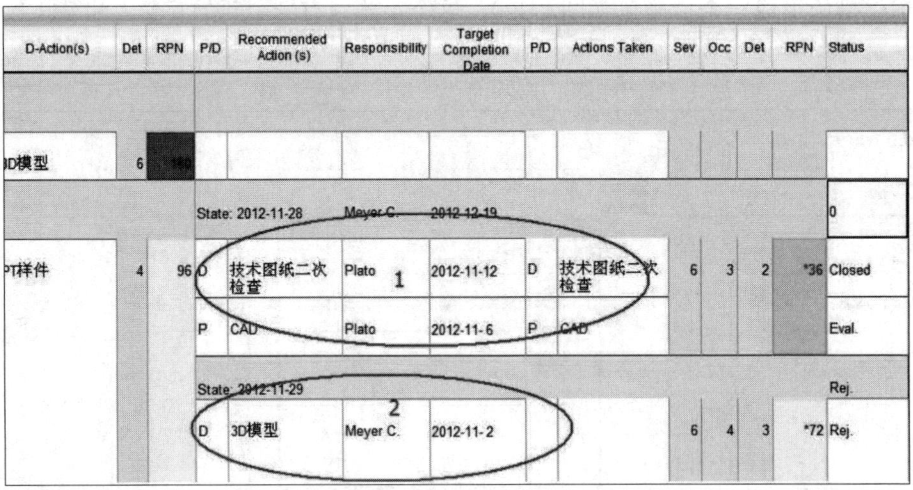

D-Action(s)	Det	RPN	P/D	Recommended Action (s)	Responsibility	Target Completion Date	P/D	Actions Taken	Sev	Occ	Det	RPN	Status
3D模型	6	180											
				State: 2012-11-28	Meyer C.	2012-12-19							0
PT样件	4	96	D	技术图纸二次检查	Plato	2012-11-12	D	技术图纸二次检查	6	3		*36	Closed
			P	CAD	Plato	2012-11-6	P	CAD					Eval.
				State: 2012-11-29									Rej.
			D	3D模型	Meyer C.	2012-11-2			6	4	3	*72	Rej.

图 8-34 两个措施包比较

8.3.4 RSMTL-CAD FMECA

RSMTL-CAD FMECA 是由北京航空航天大学开发的。该软件适用于嵌入式安全关键系统的可靠性分析及管理领域的可靠性分析。它以 FMECA 工作流程为主线，以可靠性数据库为核心，全面支持 FMECA 的各项工作（含故障模式分析、危害性分析、报告生成等），并在 RSMTL-CAD 框架下与其他设计分析工具集成应用于计算机辅助 FMECA 软件模型。

1. 软件功能

FMECA 软件以《故障模式、影响及危害性分析程序》（GJB/Z 1391—2006）为基础，并考虑当前装备研制过程中的实际需求，支持各个设计阶段的 FMECA 工作。其主要功能如下。

（1）分析设置

分析设置包括设置分析方法、设置打开版本、定义故障模式发生概率等级、设置初始约定层次、设置严重度、新建严重度定义、设置保存方式等功能。

（2）辅助分析部分

辅助分析包括硬件法故障模式影响分析、功能法故障模式影响分析、故障模式危害性定量分析、自动计算故障模式危害度、自动计算产品危害度、利用 FTF（FTA 与 FMECA 综合分析）计算结果辅助填写故障模式影响概率、绘制危害度矩阵、故障模式危害性定性分析、向下迭代填写最终影响和严重度。

（3）提供各种参考信息

参考信息包括用户描述参考库、常用故障模式参考、本项目结果数据参考、类似项目结果数据参考。

（4）提供各种浏览查询工具

包括浏览故障模式、故障模式原因影响查询、单点故障模式清单、Ⅰ类和Ⅱ类故障模式清单、关键件重要件清单、自动生成可自定义的 FMECA 报告。

2. FMECA 数据模型的主要特点

FMECA 采用面向对象的设计思想，数据模型如图 8-35 所示。

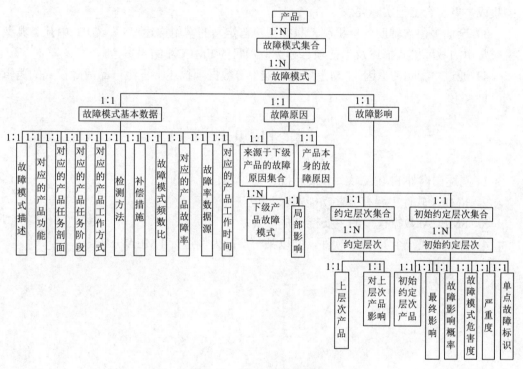

图 8-35　FMECA 数据模型

1）采用面向对象的设计思想，将有关数据对象化。例如，将对一个产品的一次FMECA 结果作为"故障模式集合对象"，将一个产品的一个模式作为"故障模式对象"，将一个产品的一个模式的检测方法作为"检测方法对象"。

2）以"故障模式对象"为中心，将已经对象化的各种不同 FMECA 分析方法的结果集成在一起。例如，故障模式影响分析得到的模式描述、故障原因、严重度等；故障模式危害性分析得到的故障发生概率等级、故障模式频数比等。

3）通过"故障模式集合"对象实现版本管理，每个"故障模式集合"对象对应产品的一次 FMECA 工作，它们之间是版本关系。将版本管理放在这一层次上，可使最终得到的数据模型既满足灵活性要求，又避免数据冗余。

4）具有可扩充性。可扩充性不仅体现在将来新的结果数据项产生时可以方便地加入数据模型，还体现在这个数据模型记录维护了上下级产品故障模式间的因果关系链（故障原因），为将来 FMECA 故障影响智能推理打下了基础。

3. FMECA 软件特点

1）基于客户端/服务端机制运行，实现数据共享和用户并行，以及实现完善的版本管理。

2）与框架紧密集成，数据接口清晰。FMECA 软件工具充分利用 RSMTL CAD 框架提供的全局框架模型、设计对象模型、设计事务模型，实现了与框架和其他软件工具的集成，更符合工程实际要求。

3）全面多层次辅助分析机制，包括用户自定义的常用描述参考、GJB 中几类典型系统常用的故障模式描述及当前项目和类似项目的 FMECA 结果参考。

4）通过"影响的原因""对上层次影响"等数据项描述上下级产品故障模式的逻辑关系链。

复习与思考

1. 阐述国内外 FMEA 软件发展状况。
2. FMEA 软件主要有哪些功能需求？
3. FMECA 数据模型的主要特点是什么？
4. 尝试下载一个 FMEA 软件，并以某一产品为例进行 FMEA 分析。

第 9 章
FMEA 最新进展

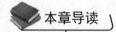 **本章导读**

作为质量管理的重要工具，FMEA 被广泛应用于各个领域，但传统 FMEA 方法在实际的应用过程中存在一些局限性。因此，许多研究者致力于改进传统 FMEA 方法，提高其有效性和准确性，并取得了一定的进展。本章首先分析传统 FMEA 在实际应用过程中的不足之处；其次，介绍目前改进的 FMEA 模型与方法；再次，对 FMEA 文献进行计量分析，包括作者分析、机构分析、共引分析、关键词分析四个方面；最后，概述《FMEA 手册（第五版）》，并对新版 FMEA 的改进之处进行介绍。

9.1 FMEA 的不足

作为质量管理五大工具之一，FMEA 能够有效地识别并预防系统、产品、过程和服务中已知或潜在的故障或风险，因此被广泛应用于生产生活的各个领域。然而，传统 FMEA 方法在实际应用过程中存在很多缺陷。传统 FMEA 主要通过计算和比较故障模式风险优先数（RPN）进行风险评估。RPN 由三个取值范围均为 1～10 的风险因子相乘得到，这三个风险因子分别为发生度（O）、严重度（S）和检测度（D）。这种方法简单易行，但也存在以下问题。

1）在计算 RPN 时没有考虑 S、O、D 三者的相对权重，这三个风险因子被认为具有相同的重要程度。事实上，对于不同的风险分析对象，这三个风险因子往往具有不同的重要程度。

2）不同的 S、O、D 相乘能够得到完全相同的 RPN 值，但它们的风险程度是不同的。例如，两个故障模式的 S、O、D 分别是 2、3、2 和 4、1、3，它们的 RPN 值均为 12，但由于两者的严重度不同，其潜在的故障后果可能完全不同。这会导致资源和时间的浪费，甚至在某些情况下，一些高风险故障模式被忽略。

3）传统 FMEA 需要结合专家的知识和经验对系统中的故障模式进行风险评价，但在这一过程中专家很难对故障模式的风险因子进行精确评价。

4）计算 RPN 的数学公式存在缺陷，"RPN 值由 S、O、D 相乘得到"这一结论并没有经过严密的推理论证。

5）RPN 不具有连续性且主要分布在 1～1000 的底部，这将导致在解释不同的 RPN 差异时产生问题。例如，RPN 值为 1 和 2 之间的差异与 RPN 值为 900 和 1000 之间的差异是完全不同的。

6）受其他风险因子的影响。某一风险因子的变化可能对 RPN 值产生完全不同的影响。例如，若 O 和 D 的值均为 10，则严重度发生 1 点的变化会导致 RPN 值发生 100 点的改变；若 O 和 D 的值均为 1，则严重度发生 1 点的变化仅导致 RPN 值发生 1 点的改变；若 O 和 D 的值均为 4，则严重度发生 1 点的变化仅导致 RPN 值发生 16 点的改变。

9.2　FMEA 的改进

为了克服传统 FMEA 方法的不足，国外许多学者做了大量研究工作，从各个角度给出了许多 FMEA 改进方法。根据所使用的故障模式排序方法，可将 FMEA 改进方法分为多准则决策、人工智能、数学规划和其他四类，详见表 9-1。

表 9-1　FMEA 改进方法

维度	分类	方法
多准则决策	距离法	距离算子
		灰色关联分析法（grey relational analysis，GRA）
		逼近理想解排序法（TOPSIS）
	成对比较法	多属性边界近似面积比较法（multi-attributive border approximation area comparison，MABAC）
		层次分析法（AHP）
		网络分析法（analytic network process，ANP）
	优序法	替代排队法（alternative queuing method，AQM）
		偏好顺序结构评估法（preference ranking organization method for enrichment evaluation，PROMETHEE）
		淘汰选择法（elimination et choix tradulsant la realtite，ELECTRE）
	折衷法	得失优势度评分法（gain and lost dominance score，GLDS）
		多准则折中解排序法（visekriterijumska optimizacija i kom-promisno resenje，VIKOR）
		全乘比例分析多目标优化法（MULTIMOORA）
	关系分析法	决策试验和评估实验室（DEMATEL）
		模糊图论和矩阵方法
	价值和效用测量法	效用优先数
		前景理论
		交互式多准则决策法
		证据推理
	基于聚合算子的方法	数据包络分析法（DEA）
		模糊有序加权几何平均算子

续表

维度	分类	方法
多准则决策	基于聚合算子的方法	语言有序加权几何平均算子
		有序加权几何平均算子
		最大熵有序加权几何平均算子
		语言加权几何算子
		Bonferroni 平均算子
		有序语言加权平均算子
	RPN 改进方法	成本导向 RPN 方法
		成本优先 FMEA 方法
		绿色成分 RPN 方法
	集成方法	VIKOR、DEMATEL、AHP
		AHP、模糊图论和矩阵法、DEMATEL
		遗憾理论和 PROMETHEE
		模糊 RPN、DEMATEL、风险框图
		AHP 和 GRA-TOPSIS
		模糊 RPN 和 GRA
		TOPSIS 和 VIKOR
人工智能		规则库系统
		模糊规则库系统
		模糊自适应共振理论
		模糊认知图
数学规划		DEA
		模糊 DEA
		稳定 DEA
其他		预期成本模型
		成本导向 FMEA 模型
		最小割集理论
		模糊贝叶斯网络
		模糊最优最劣法

9.3　FMEA 文献分析

Huang et al.（2020）通过科学引文数据库（Web of Science）收集数据，对 1998～2018 年间发表的 263 篇论文进行了分析总结，并对与 FMEA 改进相关的主题进行了系统的文献统计量分析。

9.3.1　作者分析

发表文章数量、总被引次数和平均被引次数是衡量作者对某一研究领域贡献大小的三个关键指标。根据这三项指标列出"FMEA 改进"领域排名前十的作者（表 9-2）。由表可知，共有五位作者在"FMEA 改进"领域发表 10 篇以上论文，其中 Liu H C 共发

表 26 篇论文，是论文产出最高的作者。根据总被引次数，Liu H C, Chin K S, Yang J B 排名前三。根据平均被引次数，Wang Y M, Chin K S 和 Yang J B 排名前三。

表 9-2   "FMEA 改进"领域排名前十作者

序号	作者	发表文章数量	作者	总被引次数	作者	平均被引次数
1	Liu H C	26	Liu H C	1187	Wang Y M	173
2	Chang K H	14	Chin K S	612	Chin K S	153
3	Kumar D	13	Yang J B	612	Yang J B	153
4	Sharma R K	13	Braglia M	545	Braglia M	91
5	You J X	12	Wang Y M	518	Guimarães A C F	62
6	Tay K M	10	Chang K H	462	Lapa C M F	62
7	Deng Y	9	Sharma R K	411	Liu H C	46
8	Kumar P	9	You J X	382	Chang K H	33
9	Lim C P	8	Kumar D	367	Sharma R K	32
10	Braglia M	6	Guimarães A C F	312	You J X	32

此外，通过研究"FMEA 改进"领域作者合作网络可以发现，Liu H C 与 You J X 合作 12 次，与 Lin Q L 合作 5 次，与 Chen Y Z 合作 4 次，与 Li P 合作 4 次。Chin K S 与 Yang J B 合作 4 次，与其他人合作 3 次。Wang Y Z 与 Poon G K K 合作 3 次。

9.3.2   机构分析

该领域贡献排名前十的研究机构见表 9-3。由表可知，贡献最大的研究机构是同济大学，共发表了 22 篇论文。通过分析研究机构合作网络发现，中国研究机构发表的论文数量最多，英国、美国和加拿大都与中国保持密切合作关系；同济大学和上海大学在这一领域也有合作关系（自 2014 年以来共合作了 18 次）。

表 9-3   贡献排名前十的研究机构

序号	组织	发表数量
1	同济大学	22
2	上海大学	21
3	陆军军官学校	13
4	印度理工学院	12
5	砂拉越大学	9
6	迪肯大学	8
7	伊斯坦布尔科技大学	7
8	比萨大学	7
9	西北工业大学	6
10	电子科技大学	5

9.3.3　共引分析

共引表示两个以上的作者或两篇以上的文献同时被后续论文引用的频次。通过共引分析发现，与"FMEA 改进研究"主题相关的文献被聚类成以下六个类别。

类别 0：医疗故障模式。在这个类别中，针对医疗风险管理的特点提出了许多 FMEA 改进方法。

类别 1：风险排序。针对传统 RPN 方法的不足，研究者给出了更精确可靠的故障模式风险排序。

类别 2：改进 FMEA。为了克服传统 FMEA 方法的不足，文献中已经提出了许多改进 FMEA 模型。

类别 3：灰色理论。为了解决信息不完全导致的风险分析问题，灰色理论在 FMEA 中得到了广泛应用。

类别 4：风险评估。故障模式风险评估是该研究领域的关键问题之一。在这个类别中，大量的不确定性理论被用于处理 FMEA 团队成员评估信息的多样性和不确定性。

类别 5：模糊推理。模糊推理法已被广泛用于提高 FMEA 的故障风险评估能力和故障风险排序能力。

由文献共引分析可知，"医疗故障模式"是最受欢迎的研究主题；"风险排序"是持续时间最长的研究主题；"改进 FMEA""灰色理论""模糊推理"等研究主题提出时间较早；"风险评估"是新兴研究领域。

9.3.4　关键词分析

关键词共现分析用于识别 FMEA 改进研究中常用的关键词，关键词突现分析用于揭示该领域的研究热点及其发展趋势，关键词时间线分析提供主题演变的时间图，并探讨主题集中度。通过 FMEA 领域的共现关键词研究发现，"FMEA""系统""风险评估""关键度分析""故障模式""优先级"是占据显著位置的关键词。此外，"模糊集""毕达哥拉斯模糊集""证据推理方法""D-S 证据理论""D 数"是处理风险评估信息的方法；"模糊推理系统""层次分析法""理想解法""VIKOR 方法""数据包络分析"是故障模式排序方法。"转子叶片""医疗器械""产品设计""火力发电厂""服务质量""供应链"等关键词代表了 FMEA 的应用领域。

通过研究关键词共现网络及其时间线聚类分析结果，可以得出以下结论：①关键词"FMEA""故障模式""风险评估""故障模式和影响分析""优先化""关键度分析""不确定性"在 FMEA 改进领域具有重要意义。②FMEA 改进研究的发展历程可分为四个时期：探索期、成长期、暴发期和深入研究期。1998～2008 年是开始阶段，该阶段较少共现关键词。2009 年，更多的研究者开始关注"故障模式""优先顺序""风险优先数"的概念，该领域的研究成果逐步增长。2012～2015 年，随着"模糊 FMEA"的兴起，研究者采用"模糊集""模糊逻辑""模糊推理系统""模糊理想解法"等多种理论和方法来克服传统 FMEA 的不足。2016～2018 年，该研究领域采用更先进有效的技术。例如，采用"D-S 证据理论""毕达哥拉斯模糊集""DEMATEL""熵""Z 数"等来改进 FMEA。

③所有关键词主要集中在"直觉模糊混合加权欧式距离算子""指数方法""直觉模糊环境""复杂 FMEA 过程""网络分析法""认知不确定""医疗 FMEA"等七个研究主题。

9.4　FMEA 手册第五版

9.4.1　概述

FMEA 是一种具有前瞻性的可靠性分析技术,用于识别产品设计或过程开发中潜在的故障模式,并分析其可能产生的影响,从而预先采取必要措施以提高产品的质量和可靠性。在 20 世纪 60 年代,FMEA 最早正式应用于美国航天航空领域,之后被广泛应用于汽车、制造、机械等领域。传统 FMEA 通过对故障模式的三个风险因子 O、S 和 D 进行评分,并以三者乘积计算 RPN 值,进而对故障模式风险进行排序。虽然传统 FMEA 方法在风险评估方面具有较好的效用,但是在实际应用过程中仍存在许多不足。例如,风险因子评价值难以确定;没有考虑不同风险因子和专家评价的权重;相同 RPN 值的风险影响可能完全不同等。随着新一代信息技术越来越多地应用于汽车产品,汽车产业面临着重大变革,对可靠性的要求逐步提高,促使传统 FMEA 发生变革。2019 年 6 月,美国汽车行业行动组(AIAG)、德国汽车行业协会(VDA)的原始设备制造商(OEM)成员共同发布了《FMEA 手册(第五版)》。新版 FMEA 使用行动优先级(action priority,AP)对故障模式风险进行排序,并以精确、关联和完整的方式提供技术风险记录的结构。此外,与传统 FMEA 相比,新版 FMEA 手册改进的内容包括:从"五步法"变成"七步法",全新 SOD 评分标准,AP 取代 RPN,优化措施状态跟踪,监视及系统响应 FMEA、FMEA-MSR 及结构树、功能树和失效树等,为以这些组织为代表的汽车行业提供了一个共同的 FMEA 基础。

9.4.2　新版 FMEA 的改进

1. FMEA "七步法"

在 FMEA 改进方法上,AIAG 采用 VDA 的"步骤分析"来替代原来的"填空"方法,并在 VDA "五步法"的基础上增加了"策划和准备"(planning and preparation)及"结果归档"(results documentation),此时 FMEA "五步法"更新为"七步法"(表 9-4)。

2. 打分标准的变化

(1)严重度

DFMEA 严重度:考虑 Road vehicles—Functional safety—Part 1: Vocabulary(ISO 26262—1:2018)[对应《道路车辆 功能安全 第 1 部分:术语》(GB/T 34590.1—2022)]对功能安全的要求,10 分和 9 分的打分标准有调整,将原来的打分标准"10—安全或法规相关且无预警""9—安全或法律法规相关且有预警"改为"10—安全相关""9—法律法规相关"(表 9-5)。

表9-4 七步法

步骤1 策划和准备	步骤2 结构分析	步骤3 功能分析	步骤4 故障分析	步骤5 风险分析	步骤6 优化	步骤7 结果文件化
项目确定	分析范围可视化	产品或过程功能可视化	建立故障链	为故障制定现有和/或计划的控制措施和评级	识别降低风险的必要措施	建立文件的内容
项目规划、目的、时间安排、团队、任务和工具	DFMEA 结构树或等效的方法：框图，边界图，数字模型,实体部件。PFMEA 结构树或等效的方法:过程流程图	DFMEA:功能树/网,功能矩阵,参数图 PFMEA:功能树/网或其他过程流程图	DFMEA:每个产品功能的潜在故障影响、故障模式和故障起因 PFMEA:每个过程功能的潜在故障影响、故障模式和故障起因 FMEA-MSR:故障起因、监视、系统响应和故障影响缓解	DFMEA&PFMEA:为故障起因制定预防控制措施;为故障起因和/或故障模式准备检测控制 FMEA-MSR:对发生频率等级分配理由准备监视控制措施;为故障起因和/或故障模式准备检测控制	为措施实施分配职责和期限	建立文件的内容
FMEA 分析中包括什么，不包括什么	DFMEA:设计接口，相互作用和间隙识别 PFMEA:过程步骤和子步骤识别	DFMEA:将相关要求与顾客功能关联 DFMEA&PFMEA:将要求或特性与功能关联	DFMEA:用参数图或故障网识别产品故障起因 PFMEA:用鱼骨图或故障网识别过程故障起因	DFMEA&PFMEA:对每个故障链的严重度、发生度和检测度进行评级 FMEA-MSR:对每个故障链的严重度、发生度和监视进行评级	措施实施包括:确定效果、采取措施后进行风险评估	措施记录包括:确定效果、采取措施后进行风险评估
以往基准FMEA 经验教训的识别	顾客和供应商工程师团队之间的合作（接口责任）	工程团队之间的合作(系统、安全和组件)	顾客和供应商之间的合作（故障影响）	顾客和供应商之间的合作（严重度）	FMEA 团队、管理层、顾客和供应商之间针对潜在故障的协作	文件的内容满足组织、预期读者和利益相关者的要求，细节可由相关方商定
结构分析步骤的基础	功能分析步骤的基础	故障分析步骤基础	FMEA 中故障文件的编制和风险分析步骤的基础	产品或过程优化步骤的基础	为产品/过程要求、预防和检测控制的细化提供基础	记录风险分析和风险降低到可接受水平

表9-5 DFMEA严重度（S）评价标准

S	严重度评价标准
10	影响到车辆和/或其他车辆的操作安全，驾驶员、乘客、道路使用者或行人的健康状况
9	不符合法规
8	在预期使用寿命内，失去正常驾驶所必需的车辆的主要功能
7	在预期使用寿命内，降低正常驾驶所必需的车辆的主要功能
6	便捷性功能丧失
5	便捷性功能降低
4	能够感知的外观问题、噪声、触感，大多数用户不能接受
3	能够感知的外观问题、噪声、触感，许多用户不能接受

S	严重度评价标准
2	能够感知的外观问题、噪声、触感，一些用户不能接受
1	没有可察觉到的影响

PFMEA 严重度：根据零部件厂、主机厂、最终用户基于影响分别来定义标准，不再使用同一个标准。10 分和 9 分的打分标准有调整，改为"10—安全相关""9—法律法规相关"（表 9-6）。

表 9-6 过程严重度（S）评价标准

S	对您的工厂的影响	对发运至工厂的影响（在已知情况下）	对最终用户的影响（在已知情况下）
10	故障可能危及操作人员（机器或装配），影响生产人员健康	故障可能危及操作人员（机器或装配），影响生产人员的健康	影响车辆和/或其他车辆的安全运行，以及操作人员或乘客、道路使用者或行人的健康
9	故障导致工厂生产不符合法规	故障导致工厂生产不符合法规	不符合法律法规
8	产品必须 100% 废弃	停线大于全生产班次，可能停止发货、需要现场维修或替换（组装到最终用户），而且不符合相关法规	在预期使用寿命内，正常驾驶的车辆失去必要的功能
7	一部分产品必须废弃，偏离基本过程，包括降低生产线速度或增加人力	停产 1 小时到全生产班次，可能停止发运、需要现场维修或替换（组装到最终用户），而且不符合相关法规	在预期使用寿命内，正常驾驶的车辆功能退化
6	100% 的产品必须离线返工后再被接受	停产 1 小时	便利性功能丧失
5	一部分产品必须离线返工后再被接受	少于 100% 的产品受影响；极可能增加额外的缺陷产品分选；没有停产	便利性功能退化
4	100% 的产品在处理前必须在线返工	不良品触发重大的反应计划，其他的不良品不太可能，不需要分选	非常多用户对外观、声音或触感的质量无法接受
3	一部分产品在处理前必须在线返工	不良品触发轻微的反应计划，其他的不良品不太可能，不需要分选	许多用户对外观、声音或触感的质量无法接受
2	对过程、操作、操作员造成轻微不便	不良品没有触发反应计划，其他的不良品不太可能，不需要分选，需要反馈供应商	一些用户对外观、声音或触感的质量无法接受
1	无明显影响	不良品没有触发反应计划，其他的不良品不太可能，不需要分选，不需要反馈供应商	无明显影响

（2）发生度

DFMEA 发生度：增加打分时对预防控制的考虑。例如，即使是新设计，若流程上或者分析方法上有预防控制措施，则发生度值也可以较低（表 9-7）。

表 9-7 产品发生度（O）评价标准

O	发生度评估	产品经验	预防措施
10	在产品寿命范围内发生率不能确定、无预防措施或者在产品寿命范围内发生率极高	无任何操作经验和/或在不可控的操作条件下，新技术首次应用；使用环境和操作情况差异很大且不能被可靠预测	无标准，最佳实践尚未确定；分析手段不能预测现场表现

续表

O	发生度评估	产品经验	预防措施
9	在产品寿命范围内发生率非常高	创新技术或创新材料在企业内首次应用；新环境会改变工作循环/操作条件；未经验证	创新设计；首次使用无经验的标准；分析手段不能识别特定要求下的性能
8	在产品寿命范围内发生率高	创新技术或创新材料的新应用；新环境或工作循环/操作条件改变；未经验证	很少的标准和最佳实践直接应用于该设计。分析手段不能可靠地预测现场表现
7	在产品寿命范围内发生率中等偏高	参考相似技术和材料的新设计、新应用或工作循环/操作条件改变；未经验证	标准、最佳实践和设计守则应用于基础设计，但不能用于创新。分析手段能够有限地预测现场表现
6	在产品寿命范围内发生率中等	使用现有技术和材料，参考先前的设计；相似的应用如工作循环/操作条件改变；有测试或现场经验	标准和设计守则存在，但不足以确保故障不发生。分析手段可用于阻止故障原因的发生
5	在产品寿命范围内发生率中等	现有设计的细节修改，采用已验证的技术和材料；相似的应用如工作循环/操作条件；有测试或现场经验，或新设计有与故障有关的测试经验	设计修改从先前的设计中汲取经验教训。运用最佳实践重新评估该设计，但未得到证实。能从系统/组件中发现与故障影响相关的缺陷并提供一些性能暗示
4	在产品寿命范围内发生率中等偏低	几乎相同的设计，短期现场展示；相似的应用、工作循环或操作条件的微小变化。有测试或现场经验	参考设计根据先前的设计修改,符合最佳实践、标准和规范；分析手段能够发现与缺陷类型相关的系统或零部件故障，并基本能够预测是否符合设计
3	在产品寿命范围内发生率低	已有设计的细节修改（相似的应用、工作循环或操作条件的微小变化）且有相似环境下测试或现场经验，或新设计有完整的成功测试程序	设计期望符合标准和最佳实践，参考先前的设计经验并汲取教训；分析手段能够发现与缺陷类型相关的系统或零部件相关的故障原因，并能预测是否符合设计
2	在产品寿命范围内发生率很低	几乎相同的成熟设计，长期现场展示；相同的应用、相似的工作循环或操作条件；有相似环境下测试或现场经验	设计符合标准和最佳实践,参考先前的设计经验并汲取教训，并有很大的信心；分析手段能够发现相关的系统/零部件故障，并有信心预测是否符合设计
1	通过预防控制和无故障系列产品历史,几乎消除了故障发生的可能性	完全相同的成熟设计。相同的应用、工作循环或操作条件；有相似环境下的测试或现场经验，或成熟设计在相似操作条件下有长期无故障批量生产经验	设计已验证且符合标准和最佳实践,从先前的设计中汲取经验教训并有效地防止故障发生；分析手段能够确保不会发生故障

　　PFMEA 发生度：在制造或组装工厂导致故障模式发生的潜在故障原因的发生度。对发生度进行有效评价时，需要考虑"过程经验"列和"预防措施"列的标准，没有必要对每个单独因素进行评估和分配评级。增加打分时对预防控制的考虑。例如，即使是新过程，若流程上或者分析方法上有预防控制措施，则发生度值也可以较低（表 9-8）。

表9-8　过程发生度（O）评价标准

O	发生度评估	过程经验	预防措施
10	在制造或装配过程中发生的事件不能确定，不能进行预防性控制；在制造或组装过程中发生率非常高	无任何经验的新过程；新产品的应用	无最佳实践和程序
9	在制造或装配过程中发生率非常高	有限的过程经验；过程应用与以前的过程应用差异很大	不针对具体故障原因；新开发的过程；第一次使用无经验的新程序的应用
8	在制造或装配过程中发生率高	已知有问题的过程；应用面临很大挑战	没有可靠的预防故障原因发生的控制手段；直接适用于此过程的程序和最佳实践很少
7	在制造或装配过程中发生率中等偏高	类似过程，但有不合格品率超出接收标准的记录；在工厂没有应用经验	预防故障原因的能力有限，过程和最佳实践应用于基础过程，但不能用于创新
6	在制造或装配过程中发生率中等	类似过程，但有不合格品率超出接收标准的记录；在工厂有限的应用经验	在防止故障原因的发生上有些作用，但程序和最佳实践不足以确保故障不会发生
5	在制造或装配过程中发生率中等	类似过程并成功完成过程验证；在工厂有有限的应用经验	能够在过程中发现故障；过程设计从先前的设计中汲取经验教训；最佳实践重新评估该设计，但未得到证实；能够提供一些过程不会出现问题的指示
4	在制造或装配过程中发生率中等偏低	基于已证实的过程新设置；应用不会带来重大的过程挑战风险	能够在过程中发现与故障相关的缺陷；新过程的前身过程和更改符合最佳实践和过程；基本能够预测是否符合过程
3	在制造或装配过程中发生率低	在连续生产过程中已被验证并取得了成功；能力在控制范围内的历史类似应用	能够在过程中发现与故障相关的缺陷；过程符合最佳实践和程序并考虑从之前过程中汲取经验教训；能够预测是否符合过程
2	在制造或装配过程中发生率很低	在连续生产过程中已被验证并取得了成功的结果；能力在控制范围内的历史；参考应用	能够在过程中发现与故障相关的缺陷；过程符合最佳实践和程序，并考虑从之前过程中汲取经验教训；对生产符合设计有很大的信心
1	通过预防控制和无故障系列产品历史，几乎消除了故障发生的可能性	故障不会发生，已被经验验证的预防措施控制	量产时不会发生故障；过程符合程序和最佳实践，并汲取经验教训

（3）检测度

DFMEA 检测度：对设计交付生产前进行的每个检测活动的评估。检测时间节点（在设计发布之前或之后）是检测度评估考虑的一部分。综合考虑检测能力和检测时间节点来定义检测度值（表9-9）。

表9-9　产品检测度（D）评价标准

D	检测能力	检测标准
10	完全不能确定	没有测试或实验程序
9	几乎不可能确定	实验程序不是专门针对检测故障原因和/或故障模式而设计的
8	不能确定	根据验证或验证程序、样本容量、任务概述等，检测控制能够检测到故障原因或故障模式的能力极低

续表

D	检测能力	检测标准
7	非常低	根据验证或验证程序、样本容量、任务概述等，检测控制能够检测到故障原因或故障模式的能力非常低
6	低	根据验证或验证程序、样本容量、任务概述等，检测控制能够检测到故障原因或故障模式的能力低
5	中等	根据验证或验证程序、样本容量、任务概述等，检测控制能够检测到故障原因或故障模式的能力中等
4	中度高	根据验证或验证程序、样本容量、任务概述等，检测控制能够检测到故障原因或故障模式的能力中等偏高
3	高	根据验证或验证程序、样本容量、任务概述等，检测控制能够检测到故障原因或故障模式的能力高
2	非常高	根据验证或验证程序、样本容量、任务概述等，检测控制能够检测到故障原因或故障模式的能力非常高
1	几乎确定	设计被证明符合标准和最佳实践，考虑前几代的经验教训和检测措施，防止故障的发生

　　PFMEA 检测度：产品在装运前进行的每一个检测活动的检测评估。根据每个检测活动的最佳匹配度进行检测评估。在 FMEA 或控制计划中应当创建检测频率，适用于公司/业务单元不合格品处理程序。综合考虑检测方法和检测能力来定义检测度值，具体见表 9-10。

表 9-10　过程检测度（D）评价标准

D	检测能力	检测标准
10	完全不能确定	无已知的测试或检验方法，故障不能或无法被检测到
9	几乎不能确定	故障不易被检测；随机检测<100%的产品；测试或检验方法不太可能检测出可能的故障或故障机制
8	不能确定	通过视觉、触觉或听觉方式检测下游缺陷（故障模式）；测试或检验方法能力不确定，或公司/业务单位对定义的测试或检验方法没有经验；该方法依赖于人的验证和处置
7	非常低	通过视觉、触觉或听觉方式检测站内缺陷（故障模式）；测试或检验方法能力不确定，或公司/业务单位对定义的测试或检验方法可用经验很少；该方法依赖于人的验证和处置
6	低	通过使用可变测量（卡规、千分表等）或属性测量（运行/不运行，手动转矩检查/扳手等）检测下游缺陷（故障模式）；测试或检验方法能力未被证实适用于此应用；在公司/业务单位有一定的测试或检验方法经验；测试/检验/测量设备能力尚未证实
5	中等	通过使用可变测量（卡规、千分表等）或属性测量（运行/不运行，手动转矩检查/扳手等）检测站内缺陷（故障模式）或错误（故障原因）；相似产品已被证实的测试或检验方法应用于新操作/新边界条件；通过测量重复性和再现性评估确认相似过程的测试/检验/测量设备性能；仅适用于换模原因：首件检验和末件检查
4	中度高	通过使用能够检测和控制差异产品的检测方法检测下游缺陷（故障模式）；类似操作/边界条件（机器、材料）下，经验证的测试或检验方法；通过测量重复性和再现性评估确认相似过程的测试/检验/测量设备性能；执行所需的防错验证
3	高	通过使用能够检测和控制差异产品的检测方法检测站内缺陷（故障模式）；类似操作/边界条件（机器、材料）下，经验证的测试或检验方法；通过测量重复性和再现性评估确认相似过程的测试/检验/测量设备性能；执行所需的防错验证

续表

D	检测能力	检测标准
2	非常高	通过使用能够检测错误和防止产生差异产品的检测措施检测站内错误（故障原因）；相同操作/边界条件（机器、材料）下的相同过程测试或检验方法；测试/检验/测量设备来自相同过程且能力通过测量重复性和再现性评估确认；执行所需的防错验证
1	几乎确定	设计（零件几何尺寸）或工艺（夹具或工装设计）保证产品不可能不一致

3. 取消 RPN，改用 AP

放弃了目前很多企业仍在使用的风险矩阵，不再使用 RPN，改用严重度、发生度和检测度的组合方法来定义优先顺序，分为优先级高（H）、优先级中（M）和优先级低（L）三个等级（表 9-11）。

表 9-11　AP 参考表

影响程度	S	对故障起因发生的预测	O	检测能力	D	AP
对产品或工厂的影响度非常高	9~10	非常高	8~10	低-非常低	7~10	H
				中	5~6	H
				高	2~4	H
				非常高	1	H
		高	6~7	低-非常低	7~10	H
				中	5~6	H
				高	2~4	H
				非常高	1	H
		中	4~5	低-非常低	7~10	H
				中	5~6	H
				高	2~4	H
				非常高	1	M
		低	2~3	低-非常低	7~10	H
				中	5~6	M
				高	2~4	L
				非常高	1	L
		非常低	1	非常高-非常低	1~10	L
对产品或工厂的影响度高	7~8	非常高	8~10	低-非常低	7~10	H
				中	5~6	H
				高	2~4	H
				非常高	1	H
		高	6~7	低-非常低	7~10	H
				中	5~6	H
				高	2~4	H
				非常高	1	M

续表

影响程度	S	对故障起因发生的预测	O	检测能力	D	AP
对产品或工厂的影响度高	7~8	中	4~5	低-非常低	7~10	H
				中	5~6	M
				高	2~4	M
				非常高	1	M
		低	2~3	低-非常低	7~10	M
				中	5~6	M
				高	2~4	L
				非常高	1	L
		非常低	1	非常高-非常低	1~10	L
对产品或工厂的影响度中	4~6	非常高	8~10	低-非常低	7~10	H
				中	5~6	H
				高	2~4	M
				非常高	1	M
		高	6~7	低-非常低	7~10	M
				中	5~6	M
				高	2~4	M
				非常高	1	L
		中	4~5	低-非常低	7~10	M
				中	5~6	L
				高	2~4	L
				非常高	1	L
		低	2~3	低-非常低	7~10	L
				中	5~6	L
				高	2~4	L
				非常高	1	L
		非常低	1	非常高-非常低	1~10	L
对产品或工厂的影响度低	2~3	非常高	8~10	低-非常低	7~10	M
				中	5~6	M
				高	2~4	L
				非常高	1	L
		高	6~7	低-非常低	7~10	L
				中	5~6	L
				高	2~4	L
				非常高	1	L
		中	4~5	低-非常低	7~10	L
				中	5~6	L
				高	2~4	L
				非常高	1	L

续表

影响程度	S	对故障起因发生的预测	O	检测能力	D	AP
对产品或工厂的影响度低	2～3	低	2～3	低-非常低	7～10	L
				中	5～6	L
				高	2～4	L
				非常高	1	L
		非常低	1	非常高-非常低	1～10	L
没有察觉的影响	1	非常低-非常高	1～10	非常高-非常低	1～10	L

4. 监视及系统响应 FMEA

本手册增加了一个新的 FMEA 类别，即"监视及系统响应 FMEA（FMEA-MSR）"。用户在进行相关操作时，FMEA-MSR 提供了一种检测诊断和缓解故障的分析方法，以使车辆保持安全状态或合规状态。

复习与思考

1. 传统 FMEA 的不足之处集中体现在哪几个方面？请阐述其在每个方面的具体表现。
2. 目前 FMEA 的改进方法主要有哪几种？
3. 请围绕 FMEA 未来的研究方向谈谈你的看法。
4. 新版 FMEA 手册的改进体现在哪个方面？
5. 新版 FMEA "七步法" 具体是指哪七个步骤？
6. 新版 FMEA 打分标准有哪些变化？

参 考 文 献

蔡志强，孙树栋，司书宾，等，2013. 基于 FMECA 的复杂装备故障预测贝叶斯网络建模[J]. 系统工程理论与实践，33（1）：187-193.

陈颖，康锐，2014. FMECA 技术及其应用[M]. 2 版. 北京：国防工业出版社.

储年生，王学志，2019. FMEA 在设计项目风险管理中的应用[J]. 船舶与海洋工程，35（4）：69-72.

董家成，关罡，2021. 建筑施工现场危险区域主客观双线路风险评估研究[J]. 安全与环境工程，28（2）：50-58，79.

董翔，2020. 基于 FMEA 方法的船舶 IBS 航行安全分析[J]. 船舶与海洋工程，36（2）：72-77.

傅敏敏，2021. FMEA 在病区冷藏药品风险管理中的效果[J]. 中医药管理杂志，29（3）：153-155.

高魏华，吕广强，曹鲁光，等，2020. 软硬件综合 FMEA 在弹载嵌入式软件中的应用[J]. 空天防御，3（1）：10-16.

关大进，杨琪，2009. 服务质量 FMEA 差距模型及应用—服务可以在第一次做好[M]. 北京：中国标准出版社.

黄莺，雷俊，王轲，2021. 基于 FMEA 的建筑施工 HSE 风险预警研究[J]. 武汉大学学报（工学版），54（9）：835-841.

黄震，张海，张陈龙，等，2020. 沉管隧道施工前期风险综合评估模型及应用[J]. 灾害学，35（2）：55-61.

嵇国光，王大禹，严庆峰，2010. ISO/TS 16949 五大核心工具应用手册[M]. 北京：中国标准出版社.

贾涛，蒋德成，茹博，等，2022. 基于 PFMEA 的飞机总体装配质量提升研究与实践[J]. 航空标准化与质量（1）：27-33.

江现昌，邹庆春，2020. 基于 FMEA 法的地铁车辆牵引系统设备运维研究[J]. 现代城市轨道交通（1）：26-29.

金英，干频，陈凌珊，等，2013. DFMEA 在电动汽车增程器系统中的应用[J]. 上海工程技术大学学报，27（2）：101-106.

李小泉，2021. 核电厂主蒸汽隔离阀控制系统故障分析及可靠性提升[J]. 核动力工程，42（1）：138-142.

李跃生，林树茂，李文钊，2011. 适于大型复杂航天系统的 QFD 与 FMECA 技术及应用[M]. 北京：中国宇航出版社.

刘虎沉，王鹤鸣，施华，尤建新，2023. 质量 4.0：概念、基础架构及关键技术[J]. 科技导报，41（11）：6-18.

刘胜，郭晓杰，张兰勇，等，2021. 基于模糊置信理论的全电力船舶推进 FMEA 评估[J]. 控制工程，28（9）：1807-1813.

刘铮，刘虎沉，2021. 基于犹豫模糊语言 EDAS 的失效模式及影响分析模型[J]. 模糊系统与数学，35（4）：102-112.

潘建欣，何书默，肖敏，等，2020. 基于 FMECA 方法的车用燃料电池发动机风险评估[J]. 高校化学工程学报，34（3）：786-791.

斯泰蒙迪斯，陈晓彤，姚绍华，2005. FMEA 从理论到实践[M]. 2 版. 北京：国防工业出版社.

宋晓翠，黄炜，樊莉芳，2019. 基于系统 FMEA 的可靠性评估在雷达综合保障中的应用[J]. 电子质量（10）：27-33.

宋筱茜，廖谨宇，王雨，等，2019. 基于改进 FMEA 的地铁车辆转向架风险评估[J]. 中国安全生产科学技术，15（S1）：48-54.

苏艳，2019. 航空保障技术与工程导论[M]. 北京：航空航天大学出版社.

王立恩，刘虎沉，2017. 基于模糊集和 COPRAS 的改进 FMEA 方法[J]. 模糊系统与数学，31（3）：69-78.

王丽春，2020. 失效模式和影响分析(FMEA)实用指南[M]. 北京：机械工业出版社.

王泰翔，刘金林，曾凡明，等，2019. 基于 QFD 及 FMEA 的舰船动力装置设计质量改进模型构建方法及应用[J]. 中国舰船研究，14(4)：128-134.

王钰博，吴继忠，2021. 基于改进 FMEA 的医疗器械产业链风险管理研究[J]. 经济研究导刊（8）：51-57.

王志强，司曼曼，邱倩倩，等，2019. 基于改进 FMEA 法的装配式混凝土建筑建造质量风险评价[J]. 工程管理学报，33（4）：132-137.

魏明焓，宋庭新，2020. 船舶等级维修管理系统的设计与开发[J]. 软件工程，23（11）：24-26.

谢建华，2015. ISO/TS16949 五大技术工具[M]. 北京：中国经济出版社.

许林，谢庆红，2020. 基于灰色理论的改进 FMEA 方法在装配工艺改善中的应用[J]. 现代制造工程（4）：135-141.

徐至煌，2019. 基于 FMEA 的波纹管补偿器失效模式分析[J]. 化学工程与装备（7）：227-229，237.

尤建新，陈雨婷，宫华萍，等，2021. 基于云模型与凝聚型层次聚类的失效模式与影响分析方法[J]. 同济大学学报（自然科学版），49（4）：599-605.

尤建新，邓晴文，2020. 基于改进失效模式与后果分析的制造执行系统风险分析模型[J]. 同济大学学报（自然科学版），48（1）：132-138.

于潇，刘文红，赵静，等，2021. 基于航天系统的 FPGA 可靠性安全性分析方法研究[J]. 中国检验检测，29（2）：14-15，36.

张曼璐，尤建新，徐涛，2019. 城市轨道交通项目融资风险评估模型：基于 FMEA-DEA 的研究[J]. 上海管理科学，41（5）：1-7.

张绮萍，王霄腾，陆锦琪，等，2021. 失效模式与效应分析在降低医院感染风险中的应用[J]. 中华劳动卫生职业病杂志，39（3）：189-192.

张智勇，2017. IATF16949 质量管理体系五大工具[M]. 北京：机械工业出版社.

赵红，樊建春，张来斌，2012. 深水防喷器控制系统的 FMEA 分析研究及应用[J]. 中国安全生产科学技术，8（11）：107-112.

周昊，陈帅，侯承宇，等，2020. 基于 FMECA 方法的海上浮式风机失效模式分析[J]. 舰船科学技术，42（19）：104-109.

周文财，魏朗，邱兆文，等，2021. 模糊环境下汽车故障模式风险水平综合评价方法[J]. 机械科学与技术，40（12）：1952-1960.

周兴朝，刘丽茹，杨红飞，等，2019. 基于失效模式和效应分析的血液透析机风险分析[J]. 医疗卫生装备，40（10）：74-78.

朱江洪，李延来，2019. 基于区间二元语义与故障模式及影响分析的地铁车门故障风险评估[J]. 计算机集成制造系统，25（7）：1630-1638.

朱明让，何国伟，廖炯生，2017. "三F"技术：可靠性教程[M]. 北京：中国宇航出版社.

ABU DABOUS S, IBRAHIM F, FEROZ S, et al, 2021. Integration of failure mode, effects, and criticality analysis with multi-criteria decision-making in engineering applications: Part I - Manufacturing industry[J]. Engineering Failure Analysis, 122: 105264.

ANES V, HENRIQUES E, FREITAS M, et al, 2018. A new risk prioritization model for failure mode and effects analysis[J]. Quality and Reliability Engineering International, 34(4): 516-528.

CHANG C H, KONTOVAS C, YU Q, et al, 2021. Risk assessment of the operations of maritime autonomous surface ships[J]. Reliability Engineering and System Safety, 207: 107324.

CHEN Y, RAN Y, WANG Z, et al, 2020. An extended MULTIMOORA method based on OWGA operator and Choquet integral for risk prioritization identification of failure modes[J]. Engineering Applications of Artificial Intelligence, 91: 103605.

DAS S, DHALMAHAPATRA K, MAITI J, 2020. Z-number integrated weighted VIKOR technique for hazard prioritization and its application in virtual prototype based EOT crane operations[J]. Applied Soft Computing, 94: 106419.

GAJANAND G, HAMED G, AHMED A, 2021. A novel failure mode effect and criticality analysis using fuzzy rule-based method: A case study of industrial centrifugal pump[J]. Engineering Failure Analysis, 123: 105305.

GEORGE J J, RENJITH V R, GEORGE P, et al, 2019. Application of fuzzy failure mode effect and criticality analysis on unloading facility of LNG terminal[J]. Journal of Loss Prevention in the Process Industries, 61: 104-113.

GUL M, AK M F, 2021. A modified failure modes and effects analysis using interval-valued spherical fuzzy extension of TOPSIS method: Case study in a marble manufacturing facility[J]. Soft Computing, 25(8): 6157-6178.

HUANG J, XU D H, LIU H C, et al, 2021. A new model for failure mode and effect analysis integrating linguistic Z-numbers and projection method[J]. IEEE Transactions on Fuzzy Systems, 29(3): 530-538.

HUANG J, YOU J X, LIU H C, et al, 2020. Failure mode and effect analysis improvement: A systematic literature review and future research agenda[J]. Reliability Engineering & System Safety, 199: 106885.

LI H, DIAZ H, GUEDES SOARES C, 2021. A developed failure mode and effect analysis for floating offshore wind turbine support structures[J]. Renewable Energy, 164: 133-145.

LI Y F, ZHU L P, 2020. Risk analysis of human error in interaction design by using a hybrid approach based on FMEA, SHERPA, and fuzzy TOPSIS[J]. Quality and Reliability Engineering International, 36(5): 1657-1677.

LIU H C, 2016. FMEA using uncertainty theories and MCDM methods[M]. Singapore: Springer.

LIU H C, CHEN X Q, DUAN C Y, et al, 2019. Failure mode and effect analysis using multi-criteria decision making methods: A systematic literature review[J]. Computers and Industrial Engineering, 135: 881-897.

LIU H C, CHEN X Q, YOU J X, et al, 2021. A new integrated approach for risk evaluation and classification with dynamic expert weights[J]. IEEE Transactions on Reliability, 70(1): 163-174.

LIU H C, HU Y P, WANG J J, et al, 2019. Failure mode and effects analysis using two-dimensional uncertain linguistic variables and alternative queuing method[J]. IEEE Transactions on Reliability, 68(2): 554-565.

LIU H C, LI Z J, SONG W Y, et al, 2017. Failure mode and effect analysis using cloud model theory and PROMETHEE method[J]. IEEE Transactions on Reliability, 66(4): 1058-1072.

LIU H C, LIU R, GU X Z, et al, 2023. From total quality management to Quality 4.0: A systematic literature review and future research agenda[J]. Frontiers of Engineering Management, 10(2): 191-205.

LIU H C, WANG L E, LI Z W, et al, 2019. Improving risk evaluation in FMEA with cloud model and hierarchical TOPSIS method[J]. IEEE Transactions on Fuzzy Systems, 27(1): 84-95.

LIU H C, WANG L E, YOU X Y, et al, 2019. Failure mode and effect analysis with extended grey relational analysis method in cloud setting[J]. Total Quality Management and Business Excellence, 30(7): 745-767.

LIU H C, YOU J X, CHEN S M, et al, 2016. An integrated failure mode and effect analysis approach for accurate risk assessment under uncertainty[J]. IIE Transactions, 48(11): 1027-1042.

LIU H C, YOU J X, DUAN C Y, 2019. An integrated approach for failure mode and effect analysis under interval-valued intuitionistic fuzzy environment[J]. International Journal of Production Economics, 207: 163-172.

LIU H C, YOU J X, SHAN M M, et al, 2019. Systematic failure mode and effect analysis using a hybrid multiple criteria decision-making approach[J]. Total Quality Management and Business Excellence, 30(5): 537-564.

LIU Z, MOU X, LIU H C, et al, 2023. Failure mode and effect analysis based on probabilistic linguistic preference relations and gained and lost dominance score method[J]. IEEE Transactions on Cybernetics, 53(3): 1566-1567.

LO H W, SHIUE W, LIOUJ J H, et al, 2020. A hybrid MCDM-based FMEA model for identification of critical failure modes in manufacturing[J]. Soft Computing, 24(20): 15733-15745.

METE, S, 2019. Assessing occupational risks in pipeline construction using FMEA-based AHP-MOORA integrated approach under Pythagorean fuzzy environment[J]. Human and Ecological Risk Assessment, 25(7): 1645-1660.

SINGH J, SINGH S, SINGH A, 2019. Distribution transformer failure modes, effects and criticality analysis FMECA[J]. Engineering Failure Analysis, 99: 180-191.

SONG W Y, LI J, LI H, et al, 2020. Human factors risk assessment: An integrated method for improving safety in clinical use of medical devices[J]. Applied Soft Computing, 86: 105918.

STAMATIS D H, 2003. Failure mode and effect analysis: FMEA from theory to execution (2nd Edition)[M]. Milwaukee: ASQ Quality Press.

STOUMPOS S, BOLBOT V, THEOTOKATOS G, et al, 2021. Safety performance assessment of a marine dual fuel engine by integrating failure mode, effects and criticality analysis with simulation tools[J]. Journal of Engineering for the Maritime Environment, 236(2): 376-393.

TORRES JIMENEZ P M, 2019. Failure modes and effects analysis for an engineering design modification in the US nuclear power industry[J]. International Journal of Critical Infrastructures, 15(3):181-205.

WANG L, GAO Y F, XU W B, et al, 2019. An extended FMECA method and its fuzzy assessment model for equipment maintenance management optimization[J]. Journal of Failure Analysis and Prevention, 19(2): 350-360.

WANG L, HU Y P, LIU H C, et al, 2019. A linguistic risk prioritization approach for failure mode and effects analysis: A case study of medical product development[J]. Quality and Reliability Engineering International, 35(6): 1735-1752.

WANG W Z, LIU X W, LIU S L, 2020. Failure mode and effect analysis for machine tool risk analysis using extended gained and lost dominance score method[J]. IEEE Transactions on Reliability, 69(3): 954-967.

WU D D, TANG Y C, 2020. An improved failure mode and effects analysis method based on uncertainty measure in the evidence theory[J]. Quality and Reliability Engineering International, 36(5): 1786-1807.

WU J Y, HSIAO H I, 2021. Food quality and safety risk diagnosis in the food cold chain through failure mode and effect analysis[J]. Food Control, 120(4): 107501.